高等学校土建类专业"十四五"规划教材
"互联网+"创新型教材

建筑工程造价软件应用教程

——广联达篇

（第2版）

主　编　饶　婕

副主编　陈　倩　黄　初

　　　　周见光　熊娟娟

武汉理工大学出版社
·武汉·

内 容 简 介

本书主要讲解广联达 BIM 算量软件的操作,包括广联达 BIM 土建计量平台 GTJ2021 以及广联达云计价平台 GCCP5.0。其中运用到 16G101 系列和 11G101 系列图集、《建设工程工程量清单计价规范》(GB 50500—2013)以及《江西省建筑工程消耗量定额及统一基价表》等标准或规范。

本书主要针对高等院校工程造价专业编写,可作为工程造价和建筑装饰工程技术等专业学习预算软件应用的教学用书,也可作为建筑工程技术、建筑工程监理、建筑经济管理等专业的选用教材,还可作为"1 + X"建筑信息模型(BIM)职业技能考试相关培训教材和相关专业从业人员的参考用书。

图书在版编目(CIP)数据

建筑工程造价软件应用教程. 广联达篇/饶婕主编. —2 版. —武汉:武汉理工大学出版社,2021.1(2023.1 重印)

ISBN 978-7-5629-6395-0

Ⅰ. ①建…　Ⅱ. ①饶…　Ⅲ. ①建筑造价管理-应用软件-高等职业教育-教材

Ⅳ. ①TU723.3-39

中国版本图书馆 CIP 数据核字(2021)第 018859 号

项目负责人:张淑芳　戴皓华　　　　　　　　　　　　责 任 编 辑:戴皓华
责 任 校 对:王　思　　　　　　　　　　　　　　　　排　　　　版:芳华时代
出 版 发 行:武汉理工大学出版社
地　　　　址:武汉市洪山区珞狮路 122 号
邮　　　　编:430070
网　　　　址:http://www.wutp.com.cn
经　　　　销:各地新华书店
印　　　　刷:武汉市金港彩印有限公司
开　　　　本:787×1092　1/16
印　　　　张:12.75
字　　　　数:318 千字
版　　　　次:2021 年 1 月第 2 版
印　　　　次:2023 年 1 月第 4 次印刷
印　　　　数:8001—11000 册
定　　　　价:48.00 元

前　言
（第 2 版）

　　《建筑工程造价软件应用教程——广联达篇》(第2版)是针对高等院校工程造价及相关专业编写的造价软件课程教材,主要讲解广联达 BIM 造价软件(建筑工程类)的操作,包括广联达 BIM 土建计量平台 GTJ2021 和广联达云计价平台 GCCP5.0。广联达 BIM 算量软件是目前造价行业市场上运用较为广泛的一个软件,该软件操作界面简洁且比较容易掌握。

　　在 BIM 管理技术越来越多地运用于工程的今天,工程造价专业的学生掌握独立应用计算机软件进行工程预算、结算及工程造价计价与控制的能力变得尤为重要,让学生熟练进行工程计量与计价的软件操作,实现技能学习对接工作岗位。本书采用了一个比较有代表性并且工程量适中的案例,通过详尽的操作步骤带领学习者了解并掌握软件的操作。本书还对每项任务的操作录制了视频,供学习者扫码自学。

　　本书教学内容及课时安排建议如下表:

序号	课程内容	教学学时	实践学时	备注
模块一	BIM 计量平台	14	22	教学学时和实践学时可根据实际授课情况调整
模块二	云计价平台	6	8	
小计		20	30	
合计		50		

　　本书由饶婕担任主编,陈倩、黄初、周见光、熊娟娟担任副主编。在编写过程中参考了大量的专业文献和资料,在此对前辈们的积累表示衷心的感谢。对参与编写的江西建设职业技术学院工程造价教研室的老师也深表感谢。在资料收集和整理过程中,广联达公司高校事业部给予了大力协助和支持,也得到了江西建设职业技术学院周俊、周思怡、饶鑫等同学的帮助,在这里表示衷心感谢。

　　由于编者水平有限,书中不妥之处在所难免,敬请广大读者批评指正。

编　者

2020 年 6 月

目　录

模块一　算量工程

模块二　计价工程

模块一 算量工程

项目1 构件绘制前准备

内容提要

本项目主要要求学生掌握工程信息的设置、轴网的建立以及楼层的设置等基本内容。

任务1.1 工程信息的设置

任务要求

本任务需要掌握工程基本信息的输入。

1.1.1 新建工程

(1)选择广联达 BIM 土建计量平台软件图标,如图 1-1
所示,双击鼠标左键打开广联达 BIM 土建计量平
台 GTJ2021。

(2)点击【新建】按钮。

图 1-1 GTJ 2021 【扫一扫】
软件图标

(3)进入新建工程界面(图 1-2)。依据图纸信息依次修改【工程名称】、【计算规则】、【清单
定额库】和【钢筋规则】,点击【创建工程】按钮,进入工程设置界面,依据图纸信息需修改工程设
置中的三个内容:【工程信息】、【楼层设置】、【比重设置】,如图 1-3 至图 1-5 所示。

图 1-2 新建工程

图 1-3　工程信息、楼层设置及比重设置

注：本书以附图 1 的总装工房为实例进行讲解。

说明：(1)目前有 00G101、03G101、11G101、16G101 系列平法图集可选，本工程根据图纸采用 16G101 系列平法图集(已选择 11G101 或者 16G101 系平法计算规则的工程可以相互更改，而已选择 00G101、03G101 系平法计算规则的工程不能相互更改)。

工程信息		─ □ ×

	工程信息　计算规则　编制信息　自定义	
	属性名称	属性值
13	人防工程：	无人防
14	檐高(m)：	35
15	结构类型：	框架结构
16	基础形式：	筏形基础
17	⊟ 建筑结构等级参数：	
18	抗震设防类别：	
19	抗震等级：	四级抗震
20	⊟ 地震参数：	
21	设防烈度：	8
22	基本地震加速度 (g)：	
23	设计地震分组：	
24	环境类别：	
25	⊟ 施工信息：	
26	钢筋接头形式：	
27	室外地坪相对±0.000标高(m)：	-0.3
28	基础埋深(m)：	
29	标准层高(m)：	
30	混土厚度(mm)：	0
31	地下水位线相对±0.000标高(m)：	-2
32	实施阶段：	招投标
33	开工日期：	
34	竣工日期：	

图 1-4　工程信息

(2)在工程设置中属性名称采用了两种颜色的文字来进行描述，其中蓝色文字会对工程量产生影响，黑色文字不会对工程量产生影响。

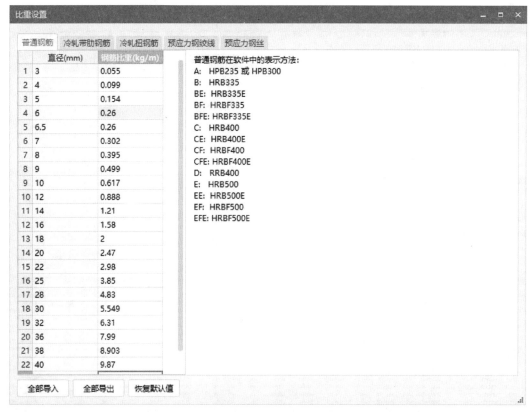

图 1-5　钢筋比重设置

1.1.2　楼层设置

（1）菜单"楼层设置"是对工程楼层和立面图的解读。左键点击【楼层设置】进入楼层设置界面，点击【插入楼层】按钮，根据总装工房工程实际情况添加楼层，如图 1-6 所示。

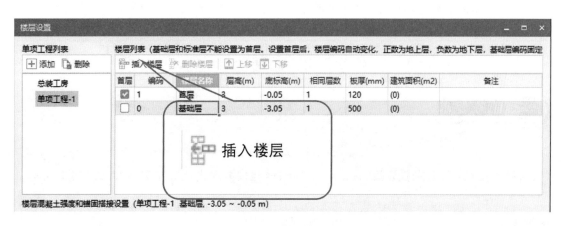

图 1-6　插入楼层

（2）根据总装工房的立面图或剖面图建立楼层，完成后如图 1-7 所示。

（3）根据结构设计总说明修改同界面下的构件混凝土强度等级及保护层厚度，修改后如图 1-8 所示。

楼层设置

单项工程列表

楼层列表（基础层和标准层不能设置为首层。设置首层后，楼层编码自动变化，正数为地上层，负数为地下层，基础层编码固定为 0）

首层	编码	楼层名称	层高(m)	底标高(m)	相同层数	板厚(mm)	建筑面积(m2)	备注
☐	3	女儿墙	1.2	7.8	1	120	(0)	
☐	2	第2层	3.6	4.2	1	120	(0)	
☑	1	首层	4.2	0	1	120	(0)	
☐	0	基础层	1.2	-1.2	1	500	(0)	

楼层混凝土强度和锚固搭接设置（总装工房 首层，0.00 ~ 4.20 m）

图 1-7　楼层设置

构件类型	混凝土强度等级	混凝土类型	砂浆标号	砂浆类型	HPB235(A)	HRB335(B)	HRB400(C)	HRB500(E)	冷轧带肋	冷轧扭	HPB235(A)	HRB335(B)	HRB400(C)	HRB500(E)	冷轧带肋	冷轧扭	保护层厚度(mm)	备注
垫层	(非抗震)	C15	现浇砼 卵...	M2.5	水泥砂浆	(39)	(38/42)	(40/44)	(48/53)	(45)	(45)	(55)	(53/59)	(56/62)	(67/74)	(63)	(63)	(25)	垫层
基础	(四级抗震)	C25	现浇砼 卵...	M2.5	水泥砂浆	(34)	(33/36)	(40/44)	(48/53)	35	(40)	(48)	(46/50)	(56/62)	(67/74)	42	(56)	40	包含所有的基础...
基础梁 / 承台梁	(四级抗震)	C25	现浇砼 卵...	M2.5	水泥砂浆	(34)	(33/36)	(40/44)	(48/53)	35	(40)	(48)	(46/50)	(56/62)	(67/74)	49	(56)	30	包含基础主梁、...
柱	(四级抗震)	C25	现浇砼 卵...	M2.5	水泥砂浆	(34)	(33/36)	(40/44)	(48/53)	35	(40)	(48)	(46/50)	(56/62)	(67/74)	47	(56)	30	包含框架柱、转...
剪力墙	(四级抗震)	C25	现浇砼 卵...	M2.5	水泥砂浆	(34)	(33/36)	(40/44)	(48/53)	33	(40)	(41)	(40/43)	(48/53)	(58/64)	40	(48)	(20)	剪力墙、预制墙
人防门框墙	(四级抗震)	C30	现浇砼 卵...	M2.5	水泥砂浆	(30)	(29/32)	(35/39)	(43/47)	33	(35)	(42)	(41/45)	(49/55)	(60/66)	49	(49)	(15)	人防门框墙
暗柱	(四级抗震)	C30	现浇砼 卵...	M2.5	水泥砂浆	(30)	(29/32)	(35/39)	(43/47)	33	(35)	(42)	(41/45)	(49/55)	(60/66)	47	(49)	20	包含暗柱、约束...
端柱	(四级抗震)	C30	现浇砼 卵...	M2.5	水泥砂浆	(30)	(29/32)	(35/39)	(43/47)	33	(35)	(42)	(41/45)	(49/55)	(60/66)	47	(49)	20	端柱
墙梁	(四级抗震)	C30	现浇砼 卵...	M2.5	水泥砂浆	(30)	(29/32)	(35/39)	(43/47)	33	(35)	(42)	(41/45)	(49/55)	(60/66)	40	(49)	(20)	包含连梁、暗梁...
框架梁	(四级抗震)	C30	现浇砼 卵...	M2.5	水泥砂浆	35	34/37	41/45	50/55	35	35	42	41/45	50/54	60/66	49	42	30	包含楼层框架梁...
非框架梁	(非抗震)	C25	现浇砼 卵...	M2.5	水泥砂浆	35	34/37	41/45	50/55	35	35	42	(46/50)	(56/62)	(67/74)	36	(56)	(20)	包含非框架梁、...
现浇板	(非抗震)	C25	现浇砼 卵...	M2.5	水泥砂浆	(34)	(33/36)	(40/44)	(48/53)	41	(45)	(56)	(46/50)	(56/62)	(67/74)	41	(63)	(20)	包含现浇板、盘...
楼梯	(非抗震)	C25	现浇砼 卵...	M2.5	水泥砂浆	(34)	(33/36)	(40/44)	(48/53)	41	(45)	(56)	(46/50)	(56/62)	(67/74)	41	(63)	20	包含楼梯、直形...
构造柱	(四级抗震)	C25	现浇砼 卵...	M2.5	水泥砂浆	(39)	(38/42)	(40/44)	(48/53)	41	(45)	(55)	(53/59)	(56/62)	(67/74)	58	(63)	30	构造柱
圈梁 / 过梁	(四级抗震)	C25	现浇砼 卵...	M2.5	水泥砂浆	(39)	(38/42)	(40/44)	(48/53)	41	(45)	(55)	(53/59)	(56/62)	(67/74)	58	(63)	30	包含圈梁、过梁
砌体加筋柱	(四级抗震)	C15	现浇砼 卵...	M2.5	水泥砂浆	(39)	(38/42)	(40/44)	(48/53)	41	(45)	(55)	(53/59)	(56/62)	(67/74)	58	(63)	30	包含砌体墙柱、...
其它	(非抗震)	C20	现浇砼 卵...	M2.5	水泥砂浆	(39)	(38/42)	(40/44)	(48/53)	40	(45)	(55)	(53/59)	(56/62)	(67/74)	48	(63)	(25)	包含除以上构件...
叠合板(预制底板)	(非抗震)	C30	现浇砼 卵...	M2.5	水泥砂浆	(30)	(29/32)	(35/39)	(43/47)	(35)	(35)	(42)	(41/45)	(49/55)	(60/66)	(49)	(49)	(15)	包含叠合板(预...

基本锚固设置　复制到其他楼层　恢复默认值(D)　导入钢筋设置　导出钢筋设置

图 1-8　构件混凝土强度等级及保护层厚度设置

说明：添加楼层时，楼层光标所在的位置是添加的起始位置且向上添加；楼层光标所在的位置和楼层缺省钢筋设置的楼层位置相符合；"恢复默认值"设置是恢复光标所在层的混凝土强度等级及保护层厚度为初始软件默认设置值。

任务 1.2　轴网的建立

任务要求

本任务需要掌握轴网的新建设置。

（1）在完成上述各项设置后，选择导航栏中的【建模】，单击鼠标左键进入，如图 1-9 所示。

【扫一扫】

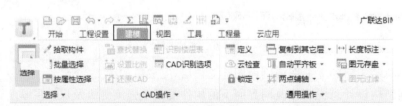

图 1-9　建模界面

（2）选择导航树中的【轴线】→【轴网】，左键单击【构件列表】中的【新建】→【新建正交轴网】，进入轴网【定义】界面，如图 1-10 所示。

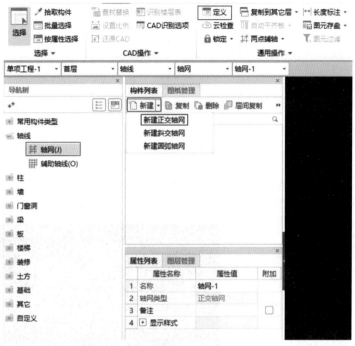

图 1-10　新建轴网

（3）根据 CAD 基础平面图绘制轴网，左键点击【下开间】输入所需轴距 6000、6000、6000、6000、6000、6000、6000、6000，敲回车键确定。同理根据基础平面图依次输入上开间所需的轴距 3000、3000、6000、6000、6000、3000、3000、6000、6000、6000，并修改第二根轴线编号为 1/1、第六根轴线编号为 1/5，点击左右进深依次输入 4800、2400、4800，如图 1-11 所示。

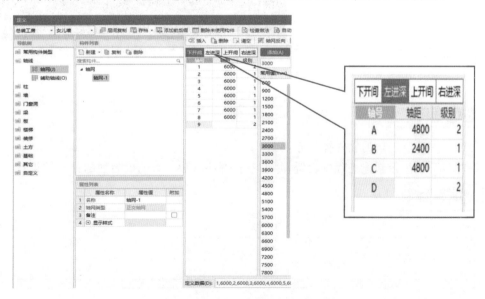

图 1-11　轴网的开间设置

（4）双击新建的轴网，进入"建模界面"，输入角度 0°，如图 1-12 所示。绘图建模区出现新建的轴网，如图 1-13 所示。

图 1-12　轴网角度设置

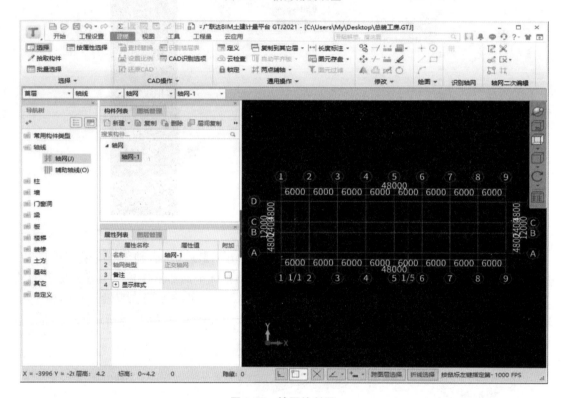

图 1-13　轴网绘制图

 发散思维

（1）请简述楼层创建的软件操作方法。

（2）对照图纸进行新建工程的设置，并思考有哪些参数会影响到后期的计算结果？

 随堂笔记

项目 2　柱

 内容提要

　　本项目主要介绍柱的属性设置和布置方法,通过学习可掌握各种柱的建模及工程量的计算。

任务 2.1　柱定义及绘制

 任务要求

　　本任务需要掌握柱构件属性设置及绘制。

　　根据框架柱平法施工图中的柱表可知框架柱钢筋信息如图 2-1 所示,本工程有 KZ1~KZ4 四种框架柱。

【扫一扫】

柱号	标高	bxh	角筋	b 侧中部筋	h 侧中部筋	箍筋类型号	箍筋
KZ1	基础顶 ~7.80	350×400	4 Φ18	1Φ16	1Φ16	5	Φ8@100/200
KZ2	基础顶 ~7.80	400×400	4 Φ20	1Φ18	1Φ18	5	Φ8@100/200
KZ3	基础顶 ~7.80	350×400	4 Φ20	1Φ20	1Φ16	5	Φ8@100/200
KZ4	基础顶 ~7.80	400×450	4 Φ22	1Φ22	1Φ18	5	Φ8@100/200

图 2-1　柱表信息

　　(1)首先左键双击导航树中【柱】,左键单击【构件列表】中的【新建】按钮,选择【新建矩形柱】,然后再单击【定义】按钮,出现【属性列表】对话框,如图 2-2 所示。

　　(2)根据本工程框架柱信息,以 KZ1 为例,输入框柱 KZ1 的截面宽度 350mm,截面高度 400mm,选择柱类型,再对截面进行编辑,依次输入柱体 KZ1 的钢筋信息,如图 2-3 所示。

　　说明:箍筋若为菱形或不规则形状,可在截面编辑里面修改。

　　(3)依次建好 KZ1~KZ4 后,双击新建好的柱子切换到绘图界面,在【框架柱】中,从构件列表界面中选择 KZ 的编号,左键单击【点】按钮,根据柱平面图图纸中相对节点绘制柱。

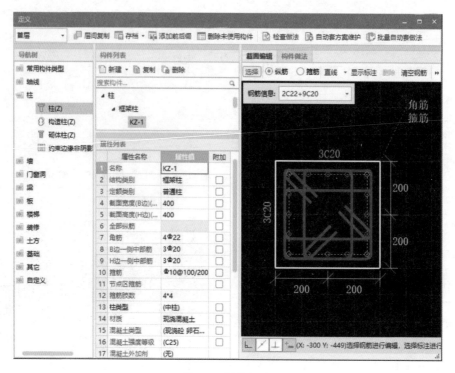

图 2-2　柱的新建

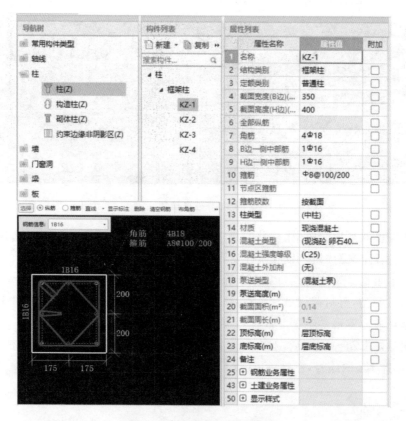

图 2-3　框架柱 KZ1 属性设置

任务 2.2　偏移柱子的画法

任务要求

本任务需要掌握偏移柱子的画法。

(1)选择需要布置构件的相对节点,按住【Shift】键,单击鼠标左键,弹出偏移对话框,如图 2-4 所示。以①轴交Ⓐ轴的 KZ1 为例,根据柱平面布置图信息(图 2-5),填写偏移值 $X=55$mm,$Y=80$mm,左键点击【确定】按钮。

图 2-4　柱的偏移

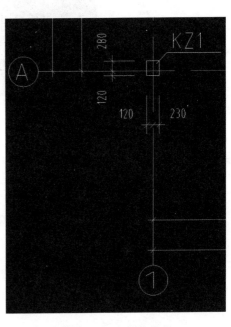

图 2-5　KZ1 偏移信息

(2)构件平面布置完全对称时,可以先画部分构件,然后利用"镜像"功能,把其他构件画好。单击【选择】按钮,选中要镜像的柱子,单击右键,在菜单栏里选择【镜像】,如图 2-6 所示。单击界面下方捕捉工具栏中的【中点】,单击对称轴,出现对话框,询问是否删除母图元,左键单击【否】即可完成镜像。

图 2-6　镜像设置

(3)本工程柱体布置完成后的效果如图 2-7 所示。

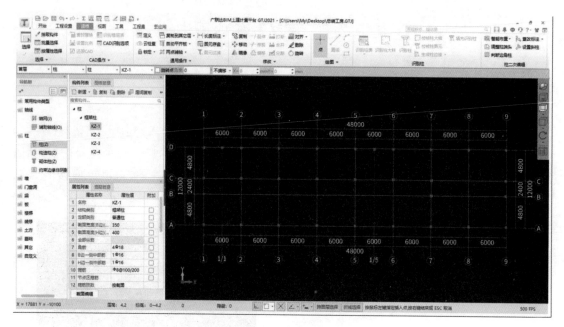

图 2-7　柱体布置效果

1.若绘制偏心柱,有几种方法?

2.请绘制本工程首层结构柱构件并计算钢筋工程量。

项目 3　梁

本项目主要介绍梁构件的定义及钢筋布置方法,通过学习可掌握各种梁的建模及工程量计算。

任务 3.1　梁属性设置

本任务以首层梁为例,需要掌握梁的属性设置。

【扫一扫】

首层梁的属性设置及画法操作如下:

(1)单击左侧导航树中的【梁】下拉菜单【梁】;在【构件列表】中单击【新建】下拉菜单,选择【新建矩形梁】,再点击【定义】按钮,在【属性列表】对话框中填写 KL 的尺寸信息及钢筋信息。根据二层楼面梁平法施工图,以 KL13 为例(图 3-1),输入 KL13 的梁截面宽度和高度及集中标注钢筋信息,对梁的标高进行设置,如图 3-2 所示。

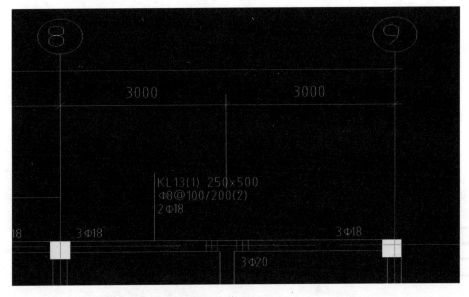

图 3-1　KL13 梁信息

(2)点击【绘图】按钮,回到绘图界面,选择 KL13,单击【直线】按钮,左键先单击起始目标轴线交点,再单击终止目标轴线相交点,单击右键完成梁绘制。

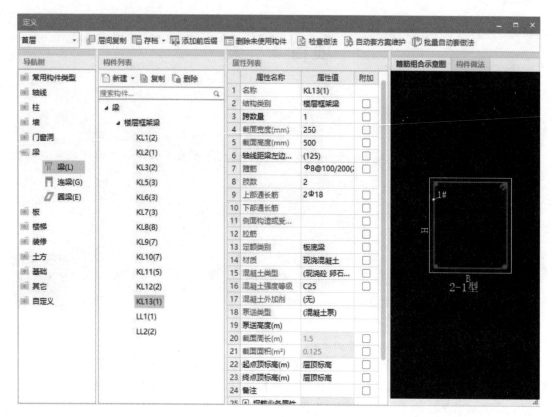

图 3-2　框梁的属性设置

任务3.2　梁的原位钢筋设置

 任务要求

本任务需要掌握梁的原位钢筋设置。

梁的原位标注操作如下：

（1）在进行梁的原位标注前，需要对梁体进行梁跨的提取。选中 KL13，点击【重提梁跨】按钮，如图 3-3 所示，软件自动提取梁跨。

【扫一扫】

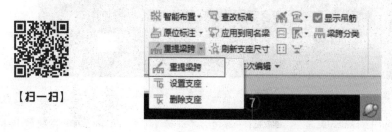

图 3-3　重提梁跨

（2）单击工具栏中的【原位标注】下拉菜单【梁平法表格】，出现"梁平法表格"输入框。单击 KL13，对照图纸在"梁平法表格"中输入信息，点击右键，KL13 由粉红色变为绿色。

或者选中 KL13，右键点击下拉菜单中的【原位标注】，绘图区该 KL13 出现小方框，根据二层楼面梁平法施工图，输入相应的原位标注数据，如图 3-4 所示。

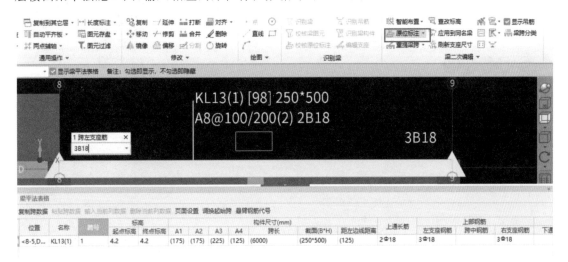

位置	名称	跨数	标高		构件尺寸(mm)							上通长筋	上部钢筋			下通
			起点标高	终点标高	A1	A2	A3	A4	跨长	截面(B*H)	距左边线距离		左支座钢筋	跨中钢筋	右支座钢筋	
<8-5,D...	KL13(1)	1	4.2	4.2	(175)	(175)	(225)	(125)	(6000)	(250*500)	(125)	2Φ18	3Φ18		3Φ18	

图 3-4　梁的原位标注

提示：软件所显示的梁跨数与图纸不符时，可把多余的支座删除，操作如下：单击"选择"，选中轴线上的 KL，单击"重提梁跨"下拉菜单，选择"删除支座"，点击需要删除的支座，右键确认完成。若对照图纸发现梁没有原位标注信息，这时只要点击右键，梁由粉红色变成绿色。

（3）可利用工具栏"应用到同名称梁"快速对同名称的梁进行原位标注。点击工具栏"应用同名称梁"，单击绘图区框梁，弹出对话框，选择"同名称未识别的梁"点击【确定】，弹出对话框，提示在绘图区有一道与框梁信息相同的梁已经进行原位标注。

（4）梁体布置完成后的效果如图 3-5 所示。

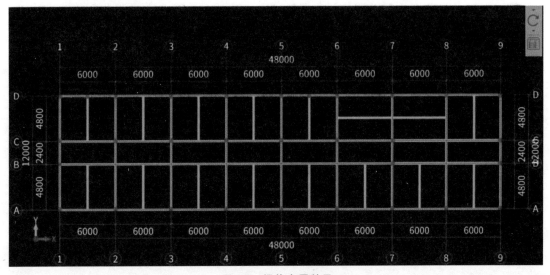

图 3-5　梁体布置效果

 **发散思维**

1. 梁构件的钢筋种类有哪些?
2. 可直接通过软件哪些功能来配置梁的钢筋?
3. 绘制梁构件时,悬挑梁可以通过怎样的方法进行绘制?
4. 如何进行梁跨间原位标注的复制?

随堂笔记

_____

_____

_____

项目 4 板

任务 4.1 板构件属性设置

任务要求

【扫一扫】

本任务以首层板构件为例，需要掌握板体设置。

楼板的属性设置及画法操作如下：

（1）单击左侧导航树中的【板】下拉菜单【现浇板】，单击【构件列表】中【新建】下拉菜单，选择【新建现浇板】，出现【属性列表】对话框，根据二层现浇板配筋图（图 4-1），以Ⓒ、Ⓓ轴交 ⑴、②轴的板为例，输入新建板相应信息如图 4-2 所示。

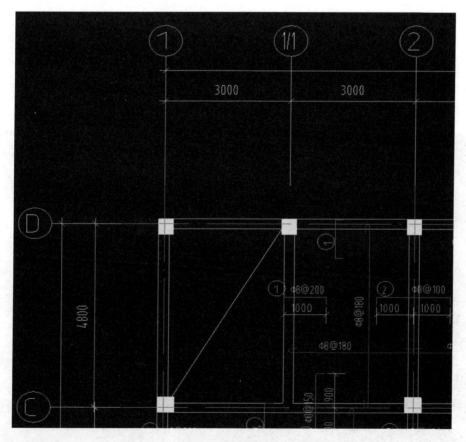

图 4-1 板配筋信息

图 4-2　板的属性设置

（2）双击建好的板回到绘图界面，单击【板】，选择需要的楼板，单击【点】按钮，对照图纸区域进行板的绘制，如图 4-3 所示。

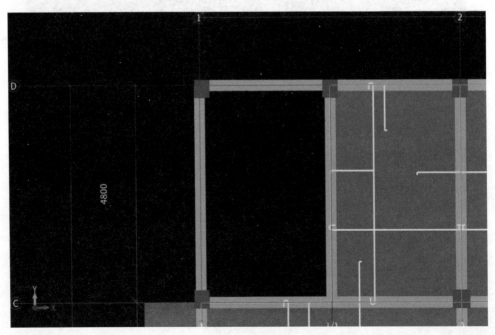

图 4-3　绘制板

说明:用"点"画法绘制板时,需要柱与梁形成封闭区域才能布置。也可用直线布置、矩形布置等。

(3)根据板配筋图对总装工房的板进行布置,完成后的效果如图 4-4 所示。

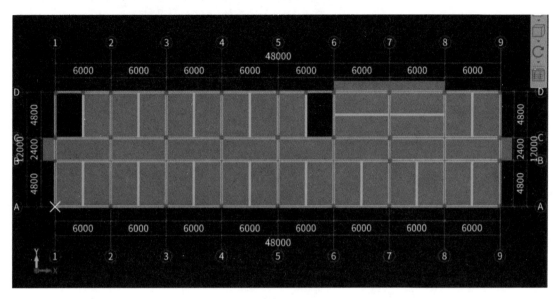

图 4-4 板体布置效果

任务4.2 首层板钢筋设置

本任务需要掌握板体钢筋设置。

【扫一扫】

4.2.1 板底筋的属性设置及画法

(1)单击导航树中的【板】下拉菜单【板受力筋】,单击【构件列表】中的【新建】下拉菜单,选择【新建板受力筋】;根据图 4-1 的 CAD 板配筋图ⓒ、ⓓ轴交 ⓧ、②轴的板受力筋信息,以受力筋"A8@180"为例,在"属性列表"里输入信息。如图 4-5 所示,参照受力筋"A8@180",完成其他受力筋的属性设置。

(2)单击【板】下拉菜单中的【板受力筋】,在【构件列表】里选择需要的钢筋型号,单击工具条【单板】按钮和【水平】按钮,根据图纸所示位置选择板块,布置板的水平方向受力钢筋,如图 4-6 所示。

提示:当按照图纸布置受力筋后,可通过点击工具栏"查看布筋"下拉菜单中的"查看受力筋布置情况"进行检查,查看是否有漏画的钢筋。

(3)同理,选中板受力筋,点击【单板】和【垂直】按钮,布置板的垂直方向受力钢筋,如图 4-7 所示,或者直接选择【XY 方向】按钮,同时布置水平和垂直方向受力钢筋。

(4)本工程板底筋布置完成后的效果如图 4-8 所示。

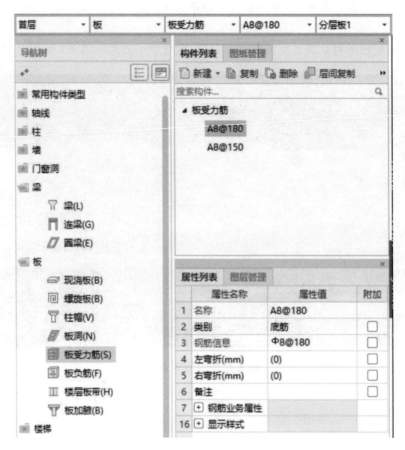

图 4-5　板受力筋设置

图 4-6　板水平方向的钢筋设置

图 4-7　板垂直方向的钢筋设置

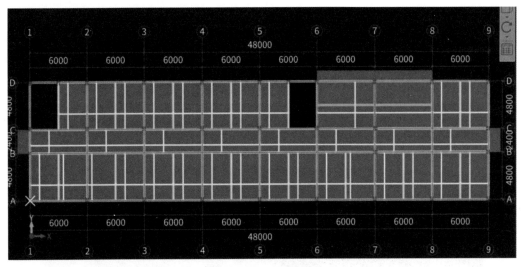

图 4-8　板底筋布置

4.2.2　板负筋的属性设置及画法

（1）在软件中按照跨板受力筋方法建立其属性。单击导航树中的【板】下拉菜单【板负筋】，单击【构件列表】中的【新建】下拉菜单，选择【新建板负筋】；根据图 4-1 所示 CAD 板配筋图Ⓒ、Ⓓ轴交 ④、②轴的板负筋信息，以受力负筋【1】为例，在【属性列表】里输入信息，如图 4-9 所示。参照受力负筋【1】，完成其他受力负筋的属性设置。若有受力筋属于"跨板受力筋"，点击【新建】下拉菜单中的【新建跨板受力筋】，选择需要布置的板按"受力筋"布置方式布置跨板受力筋。

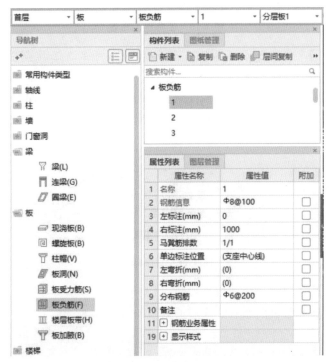

【扫一扫】

图 4-9　板负筋属性设置

提示:"左标注"为从支座处向左侧延伸出的长度;按照平法图集规定,负筋伸入支座中心,因此需要把"单边标注位置"改为"支座中心线"。

(2)双击板负筋,回到绘图界面,选中需要布置的负筋。点击【按梁布置】按钮,选择板负筋对应的梁,点击布置生成,如图4-10所示。

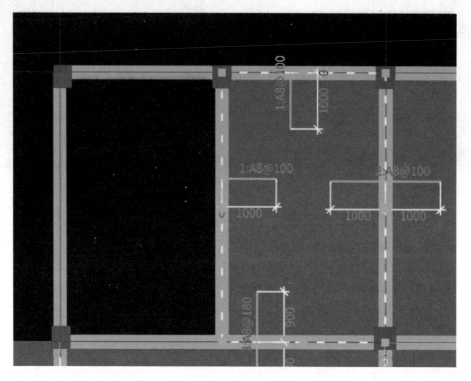

图4-10　板负筋1布置

提示:【按梁布置】布置负筋很容易使布置范围重叠,可单击工具条的【查看布筋范围】或【查看布筋情况】进行核对。

(3)单击导航树中的【板负筋】,在【构件列表】中选择钢筋型号,单击工具栏【按梁布置】按钮,如果布置单标注负筋时,布置的负筋在板外,可单击工具栏【交换标注】按钮,然后点击负筋可将方向调换,如图4-11所示。

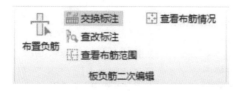

图4-11　交换标注

(4)本工程板负筋布置完成后的效果如图4-12所示。

(5)本工程板底筋和板负筋布置完成后的效果如图4-13所示。

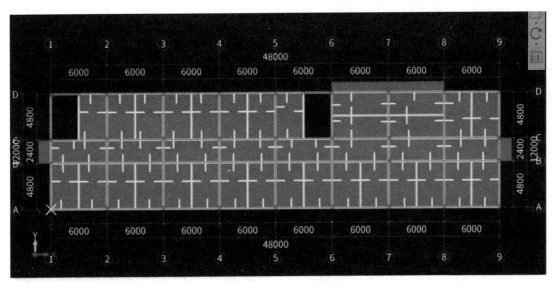

图 4-12　板负筋布置效果

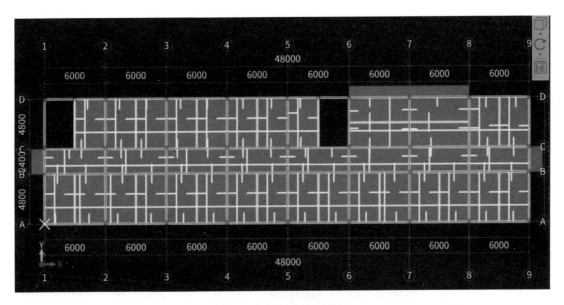

图 4-13　板钢筋布置效果

小贴士

（1）布置板底筋时也可点击【单板】、【XY 方向】按钮，直接布置板 X 轴和 Y 轴受力钢筋。

（2）单击板负筋，点击数据，修改伸入板内的负筋长度后再布置负筋。

发散思维

1.请简述板钢筋在软件中计算的步骤。

2.板的画法有哪几种？各自如何操作？

3.定义板的钢筋有哪几种方法？

4.为提高效率,同名同配筋的板可采用什么方法进行绘制?

 随堂笔记

项目 5　墙体及屋面

内容提要

本项目主要要求学生掌握各种砌体墙、砌体加筋、构造柱、圈梁过梁、女儿墙、门窗设置以及工程量的计算。

任务5.1　墙体、门窗、过梁构件绘制

任务要求

本任务需要掌握砌体墙、门窗、过梁的设置。

5.1.1　墙体设置

单击导航树中的【墙】，然后双击【砌体墙】，出现【构件列表】对话框，新建砌体墙如图 5-1 所示。根据图纸，在【属性列表】中修改砌体墙厚度为 240mm，底标高为层底标高，顶标高为层顶标高。双击砌体墙进入绘图界面，根据图纸信息布置砌体墙，如图 5-2 所示。

【扫一扫】

图 5-1　砌体墙属性定义

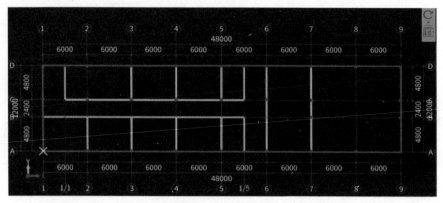

图 5-2 砌体墙布置

5.1.2 门窗设置

(1)根据建筑设计说明门窗表可知本工程门窗信息(图 5-3)。下文以 M1 为例讲述布置门窗的方法。

类型	编号	洞口尺寸	图集代号	图集编号	数量	备注
门	M1	2400×3000			1	高级弹簧玻璃门,甲方自定件
	M2	1500×3000	98J741	PJM_{Za}-1530	4	平开夹板门
	M3	3600×4200			2	钢推拉门,甲方自定件
	M4	900×2100	98J741	PJM_{Za}-0921	20	平开夹板门

图 5-3 门属性

(2)门的做法参照图集赣 98J606,如图 5-4 所示。

门类型		代号
板式平开门		MSPA
半玻平开门		MSPB
全玻平开门		MSPL
板式推拉门		MSTA
半玻推拉门		MSTB
全玻推拉门		MSTL
连窗门	平开窗 板式平开门	MCSAP
	平开窗 半玻平开门	MCSBP
	平开窗 全玻平开门	MCSLP
	推拉窗 板式平开门	MCSAT
	推拉窗 半玻平开门	MCSBT
	推拉窗 全玻平开门	MCSLT

窗类型	代号	窗类型	代号
固定窗	CSG	推拉窗	CST
平开窗	CSP	中悬窗	CSC
滑撑窗	CSH	组合窗	CSZ

带纱扇加注S。

1.8 门窗选用标注方法:

□ S □ □ □ ○ — □ □ □ □

洞口高度
洞口宽度
纱扇
类型代号
开启方式
塑料代号
门、窗代号

例1 MSPA-1024
MS ——————— 塑料门
PA ——————— 平开板式
1024 ——————— 洞口宽1000高2400

例2 CSHS-2118
CS ——————— 塑料窗
H ——————— 滑撑式
S ——————— 带纱扇
2118 ——————— 洞口宽2100高1800

例3 MCSAT-2430
MCSA ——————— 塑料连窗板式门
T ——————— 推拉窗
2430 ——————— 洞口宽2400高3000

设计说明	图集号	赣98J606
	页号	3

图 5-4 门窗做法

（3）在导航树中点选【门窗洞】，选择【门】，系统自动弹出【构件列表】对话框。在该对话框中点选【新建】→【新建矩形门】，在【属性列表】中输入 M1 的宽度和高度，如图 5-5 所示。

【扫一扫】

图 5-5　门属性定义

（4）根据底层平面图布置首层门，完成后效果如图 5-6 所示。

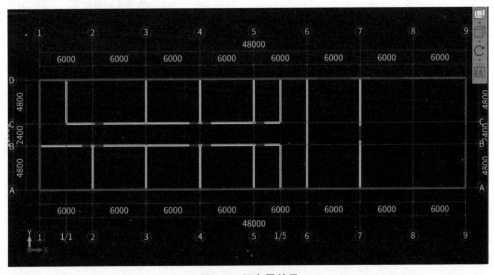

图 5-6　门布置效果

（5）窗布置方法与门布置方法相同，如图 5-7、图 5-8 所示。

图 5-7　窗属性定义

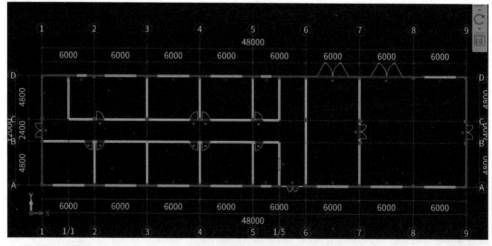

图 5-8　窗布置效果

提示：窗户的离地高度可通过建筑立面图或者剖面图查知。

5.1.3　过梁设置

（1）根据结构设计说明，可知本工程过梁钢筋信息，如图 5-9 所示。

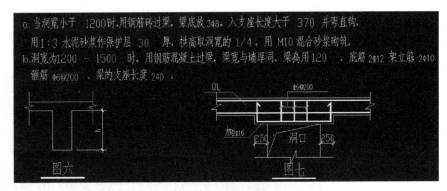

图 5-9 过梁钢筋信息

(2)在导航树中点选【门窗洞】,选择【过梁】,系统自动弹出【构件列表】对话框。在该对话框中点选【新建】→【新建矩形过梁】,根据结构设计说明,在【属性列表】中修改过梁尺寸信息及钢筋信息,如图 5-10 所示。

图 5-10 过梁属性定义

(3)点击工具栏中的【点】按钮,移动鼠标按门窗相应位置点击左键布置过梁,如图 5-11 所示。

提示:选择需要布置的过梁,点击【智能布置】下拉菜单中的【门、窗、门联窗、墙洞、带形窗、带形洞】,拉框选择门、窗,右键确定。

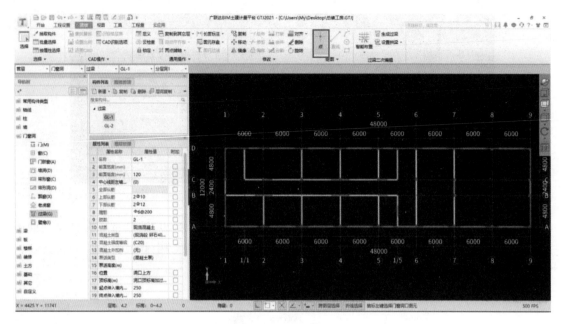

图 5-11　过梁布置

任务 5.2　女儿墙、压顶、构造柱、砌体加筋设置

图 5-12　女儿墙属性定义

任务要求

本任务需要掌握女儿墙、压顶、构造柱、砌体加筋的设置。

5.2.1　女儿墙设置

（1）单击导航树中【墙】→【砌体墙】，单击【构件列表】中的【新建】下的【新砌体墙】，设置好女儿墙属性，如图 5-12 所示。

（2）布置女儿墙的方法同布置墙的方法，布置完成后效果如图 5-13 所示。

5.2.2　压顶设置

（1）点击导航树中的【其它】→【压顶】，同样步骤新建矩形压顶后按照图纸要求设置压顶属性，如图 5-14 所示。

（2）完成设置后点击【确定】退出，在工具栏中选择【直线绘制】，用布置墙的方法布置压顶。压顶布置完成后效果如图 5-15 所示。

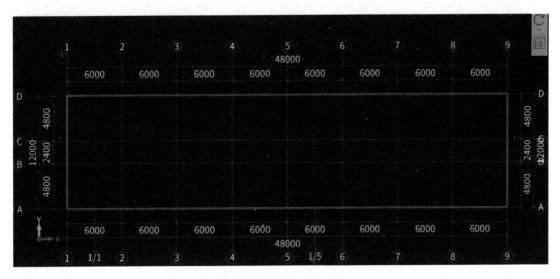

图 5-13　女儿墙布置效果

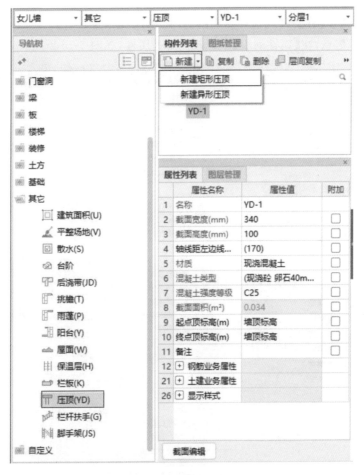

图 5-14　压顶属性定义

【扫一扫】

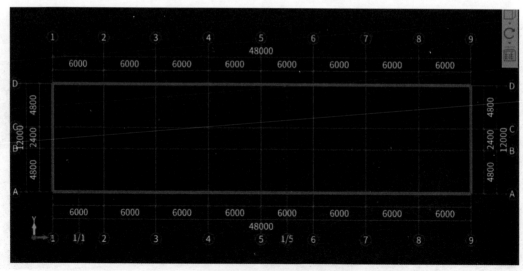

图 5-15　压顶布置效果

5.2.3　构造柱设置

（1）点击导航树中【柱】→【构造柱】，在【构件列表】中单击【新建】下拉菜单中的【新建矩形柱】，根据柱表 GZ 信息，在【属性列表】中修改构造柱属性，如图 5-16 所示。

图 5-16　构造柱属性定义

（2）根据图纸，点击工具栏中的【点】按钮布置构造柱，完成后效果如图 5-17 所示。

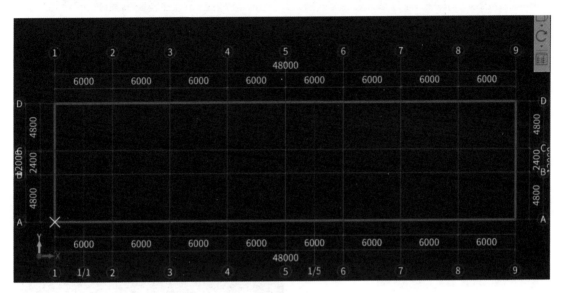

图 5-17 构造柱布置效果

5.2.4 砌体加筋设置

（1）点击导航树中【墙】→【砌体加筋】，在【构件列表】中点击【新建】按钮，弹出【选择参数化图形】对话框，根据图纸中结构设计总说明（图 5-18），选择 L-4 形，修改参数信息，点击【确定】按钮，如图 5-19 所示。

【扫一扫】

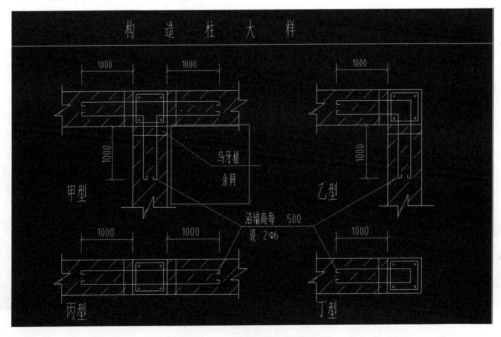

图 5-18 图纸砌体加筋信息

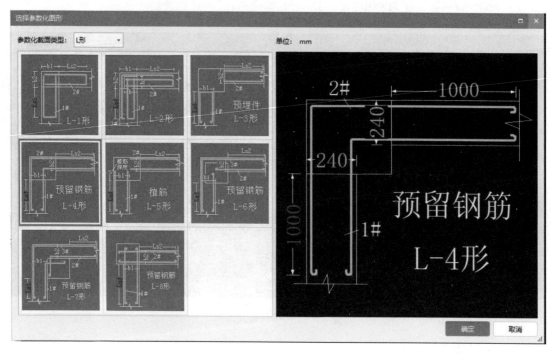

图 5-19　砌体加筋参数化图形

提示:选择工具栏【生成砌体加筋】,弹出【生成砌体加筋】属性编辑窗口,修改每种类型砌体加筋属性后单击【确定】,在绘图区域框选柱图元,点击右键即可修改砌体加筋属性。

(2)选择要布置的砌体加筋,点击工具栏中的【点】按钮,将砌体加筋布置到相应位置,如图 5-20 所示。最终完成的女儿墙 3D 效果如图 5-21 所示。

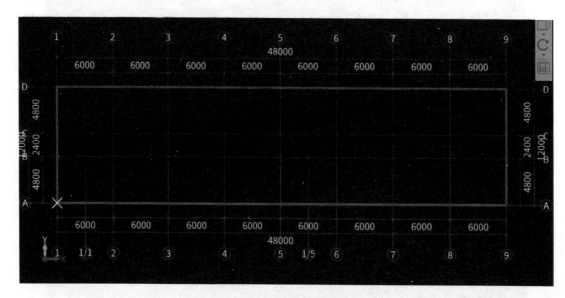

图 5-20　砌体加筋布置

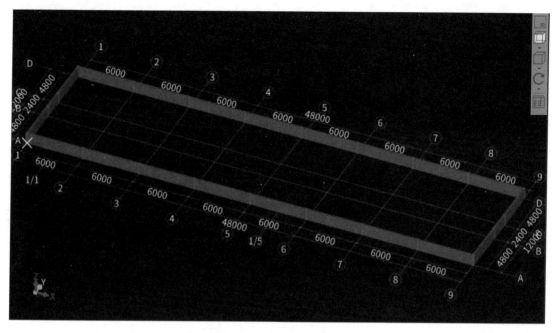

图 5-21　女儿墙 3D 效果

 发散思维

　　若女儿墙墙厚、标高有不同,该怎么设置?

 随堂笔记

项目6 二层构件

本项目主要要求学生掌握二层构件设置及修改的方法。

(1)二层构件设置

当绘制完一层构件后,可以将它复制到其他同位置、同构件的楼层中。进入新楼层,点击工具栏中的【复制到其它层】→【从其它层复制】(图6-1),弹出【从其它楼层复制图元】对话框,选择需要复制的图元及目标楼层,点击【确定】按钮,如图6-2所示。

图6-1 选择【从其它层复制】

图6-2 复制图元

（2）完成效果

按以上步骤绘制完成后，形成总装工房完整的框架，如图6-3所示。

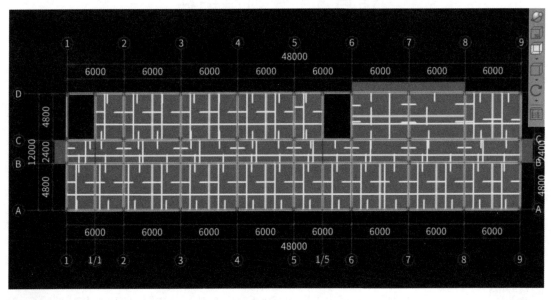

图6-3 构件体系绘制完成后效果

 发散思维

如何将选定构件复制到其他楼层？

 随堂笔记

项目 7 基础层构件

本项目主要介绍条形基础、独立基础、圈梁的定义以及构件的布置方法,通过学习可掌握各种基础的建模及工程量计算。

任务 7.1 独立基础设置和画法

本任务需要掌握独立基础以及独立基础钢筋设置。

【扫一扫】

(1)单击导航树中的【基础】→【独立基础】,单击【构件列表】中【新建】下拉菜单【新建独立基础】,新建参数化独立基础单元。在弹出的【选择参数化图形】对话框中,选择三阶矩形独立基础,如图 7-1 所示。以独立基础 J1 为例,根据基础平面图(图 7-2),修改参数化独立基础单元的属性值。

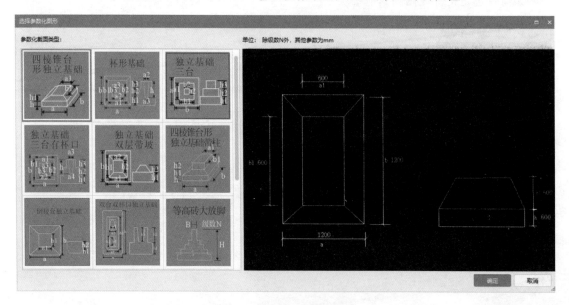

图 7-1 独立基础参数化图形

(2)点击【确定】按钮退出,回到属性编辑界面,修改独立基础 J1 钢筋信息,如图 7-3 所示。

(3)根据独立基础 J1,完成独立基础 J2 至 J6 的属性设置。

(4)双击独立基础 J1,回到绘图界面,根据基础平面图(图 7-4),将独立基础布置至对应位置。

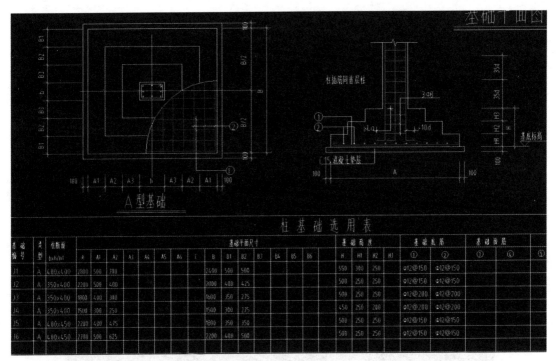

图 7-2　独立基础

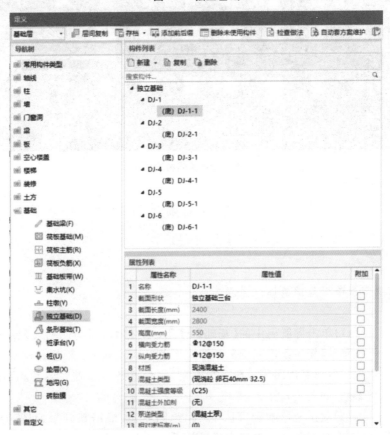

图 7-3　独立基础钢筋设置

若存在偏心独立基础构件,编辑方法与柱的偏心编辑一致。布置完成后效果如图7-5所示。

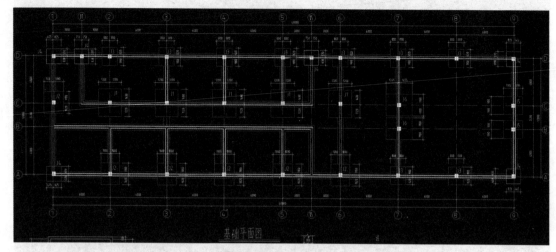

图7-4　基础平面图

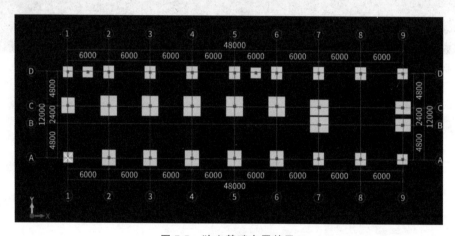

图7-5　独立基础布置效果

任务7.2　条形基础设置和画法

本任务需要掌握条形基础属性设置。

【扫一扫】

(1)单击导航树中的【基础】→【条形基础】,在【构件列表】界面单击【新建】下拉菜单【新建条形基础】,新建矩形条形基础单元。根据基础平面图(图7-6),本工程条形基础属于二阶条形基础,需设置条形基础底单元和顶单元,输入相关参数,如图7-7所示。

(2)双击条形基础TJ-1,回到绘图界面,根据基础平面图,点击【直线】按钮,布置条形基础。布置完成后效果如图7-8所示。

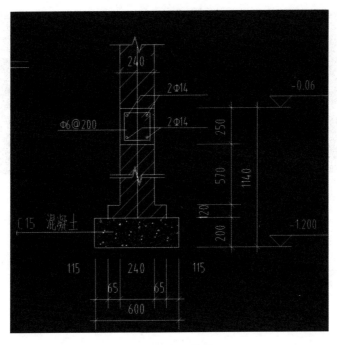

图 7-6　条形基础

图 7-7　条形基础属性设置

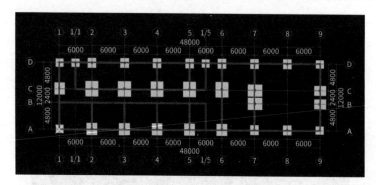

图 7-8　条形基础布置效果

任务 7.3　圈梁设置及画法

本任务需要掌握圈梁以及圈梁钢筋设置。

（1）单击导航树中【梁】→【圈梁】，在【构件列表】界面中单击【新建】下拉菜单【新建矩形圈梁】，根据图纸信息在【属性列表】对话框中修改圈梁的属性，如图 7-9 所示。

【扫一扫】

图 7-9　圈梁属性设置

（2）双击圈梁 QL1 回到绘图界面,点击【直线】按钮,根据基础平面图布置圈梁,如图 7-10 所示。

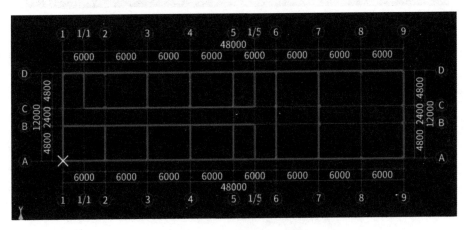

图 7-10　条形基础圈梁布置

（3）圈梁布置完成后效果如图 7-11 所示。

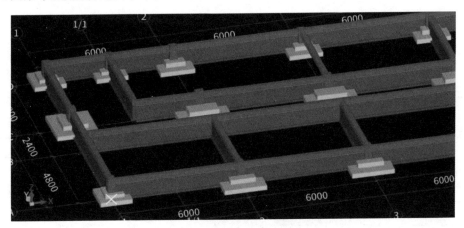

图 7-11　条形基础圈梁效果

任务7.4　垫　　层

通过本任务的学习,掌握垫层的定义、绘制、标注及工程量的计算。

（1）从基础平面图可知本工程垫层信息如图 7-12 所示。以独立基础垫层为例,该垫层采用 C15 混凝土,厚 100mm,宽出基础 100mm。

（2）在导航树中点选【基础】→【垫层】,系统自动弹出【构件列表】对话框。在该对话框中点选【新建】→【新建面式垫层】,在系统自动弹出的【属性列表】对话框中输入本工程垫层信息:混凝土强度等级(C15)、厚度(100),如图 7-13 所示。

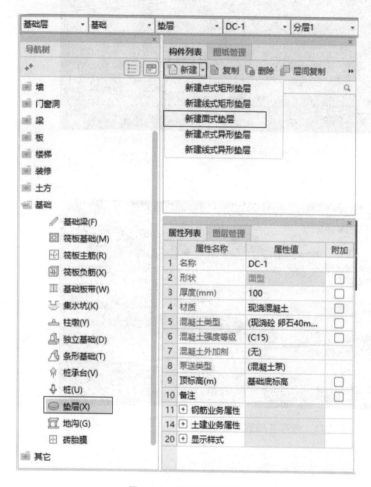

3. 混凝土强度等级:基础C25. (筏板基础C30) 垫层C15. 垫层宽出基础每边各100mm.

图 7-12 垫层信息

（3）双击垫层 DC-1，回到绘图界面。在布置方式选择栏中点选【智能布置】→【独基】，如图 7-14 所示。

图 7-13 垫层属性设置

图 7-14 垫层布置方式工具栏

（4）点击鼠标左键框选所有独基，单击右键，系统弹出【设置出边距离】对话框，输入出边距离 100mm，点击【确定】，如图 7-15 所示。

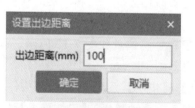

图 7-15 设置出边距离

（5）在绘图界面中以智能布置方式绘制垫层，完成后效果如图7-16所示。

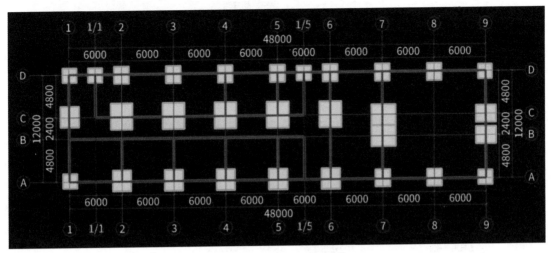

图7-16　垫层布置效果

任务7.5　土　　方

通过本任务的学习，掌握土方的定义、绘制及工程量的计算，掌握基坑、基槽的建模及工程量计算。

【扫一扫】

7.5.1　土方属性分析

（1）在结施2的基础平面图中可知本工程基础持力层为三类土（图7-17）、基础底标高均为－1.200 m。查询定额可知，本工程土方属于基坑土方，挖土方需要增加400 mm宽的工作面，挖土深度（1.2+0.1－0.15）m，未达到放坡起点深度，不需要增加放坡工程量。

> 1 本工程采用天然地基，基础持力层为粉质黏土层，承载力特征值为200 kPa，基础底面进入持力层不少于200。

图7-17　土方信息

7.5.2　基坑土方定义、布置

（1）切换到基础层的独立基础绘图界面，在布置方式选择栏中点选【生成土方】，如图7-18所示。

（2）系统自动弹出【生成土方】对话框。在该对话框中依次点选【基坑土方】、【自动生成】，依次输入工作面宽400、放坡系数0，点击【确定】，如图7-19所示。

（3）独立基础土方布置完成后效果如图7-20所示。

提示：在独立基础界面生成的基坑土方，需调整土方底标高至垫层底。

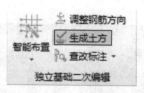

图 7-18　生成土方

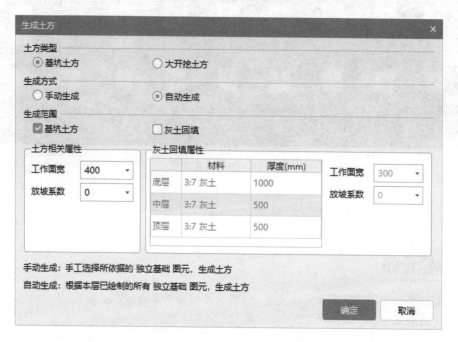

图 7-19　基坑【生成土方】对话框

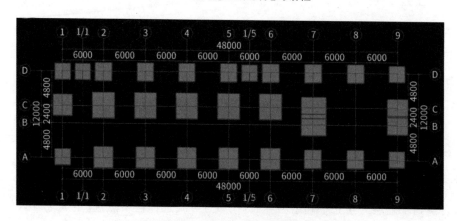

图 7-20　基坑土方布置效果

7.5.3　基槽土方定义、布置

（1）切换到基础层的条形基础绘图界面，在布置方式选择栏中点选【生成土方】。

（2）系统自动弹出【生成土方】对话框，在该对话框中依次点选【手动生成】、【基槽土方】，分别输入左、右工作面宽 400、放坡系数 0，点击【确定】，如图 7-21 所示。

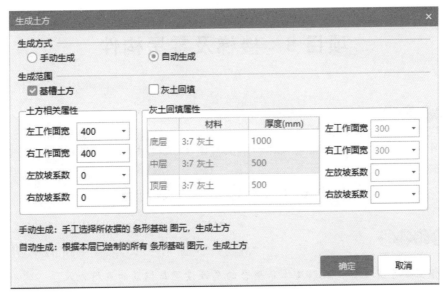

图 7-21　基槽【生成土方】对话框

（3）基槽土方布置完成后效果如图 7-22 所示。

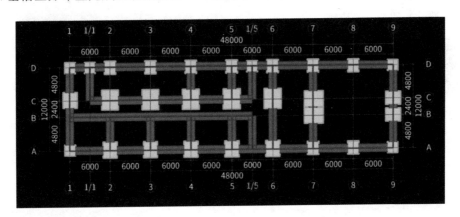

图 7-22　基槽土方布置效果

 随堂笔记

项目8 楼梯及零星构件

内容提要

本项目阐述在软件中如何定义楼梯和零星构件，以及楼梯和零星构件的布置方法。

任务8.1 楼梯设置及钢筋输入

任务要求

本任务需要掌握楼梯梯段以及休息平台的属性设置与钢筋的表格输入。

8.1.1 楼梯设置

（1）单击导航树中的【楼梯】→【楼梯】，点击【新建】→【新建参数化楼梯】，如图 8-1 所示，选择【标准双跑 1】，如图 8-2 所示。

【扫一扫】

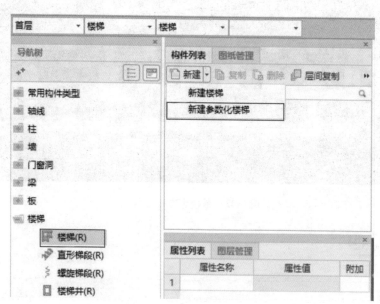

图 8-1　新建参数化楼梯

（2）双击楼梯【LT-1】，弹出【定义】对话框，根据楼梯剖面图信息，完成楼梯尺寸属性值输入，如图 8-3 所示。点击【确定】按钮退出。

（3）单击【楼梯】，选择需要布置的楼梯，单击工具栏中的【点】按钮，按照图纸区域布置楼梯，完成后效果如图 8-4 所示。

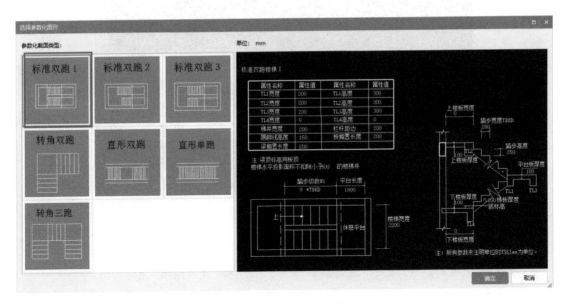

图 8-2　选择参数化楼梯

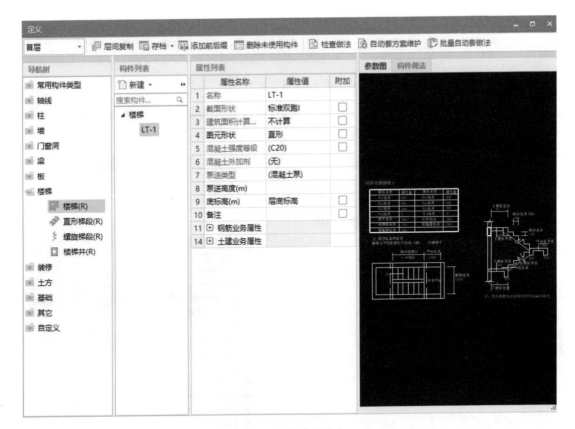

图 8-3　楼梯参数输入

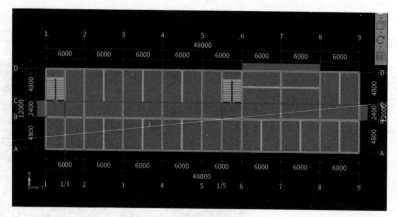

图 8-4 楼梯布置效果

8.1.2 楼梯钢筋输入

(1)单击【工程量】,选择【表格输入】,如图 8-5 所示,弹出【表格输入】对话框。

图 8-5 表格输入

(2)单击【构件】,修改构件名称为楼梯。点击【参数输入】,选择【A-E 楼梯】下拉菜单中的【AT 型楼梯】,如图 8-6 所示,对楼梯梯板钢筋进行钢筋参数输入,如图 8-7 所示。

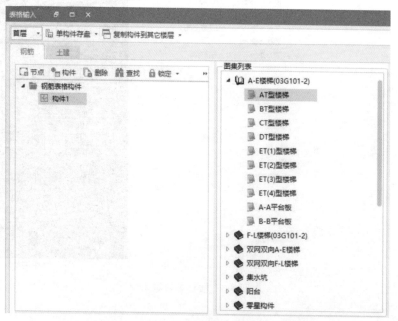

图 8-6 楼梯图集列表

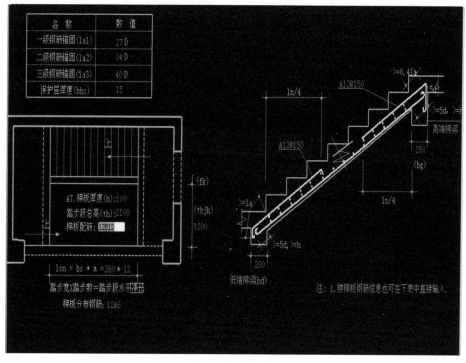

图 8-7　楼梯钢筋参数输入

（3）点击【计算保存】按钮，对楼梯梯板钢筋进行计算汇总，如图 8-8 所示。

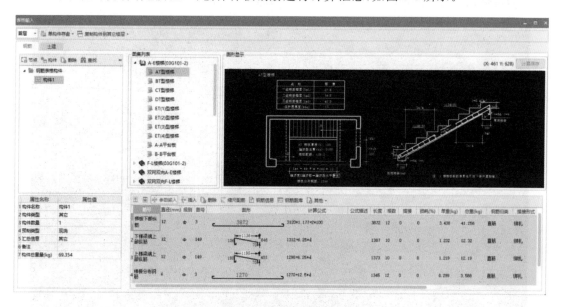

图 8-8　楼梯梯板钢筋计算

8.1.3　楼梯休息平台设置

（1）楼梯中的休息平台可以按照楼板设置，也可以按照以上步骤新建构件，选择图集中的 A—A 平台板进行布置，如图 8-9 所示。

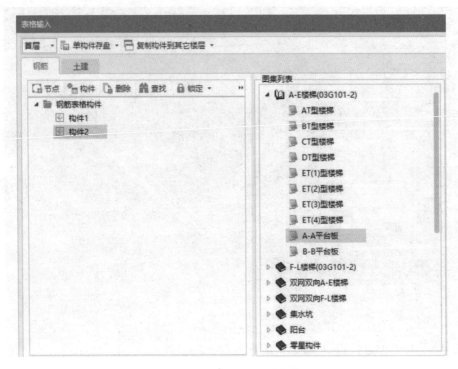

图 8-9　楼梯休息平台图集列表

（2）根据楼梯大样图，修改楼梯休息平台板钢筋参数，如图 8-10 所示。

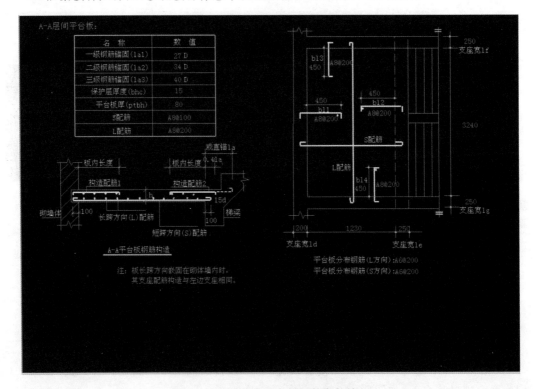

图 8-10　楼梯休息平台板钢筋参数输入

（3）点击【计算保存】按钮，对楼梯平台钢筋进行计算汇总，如图 8-11 所示。

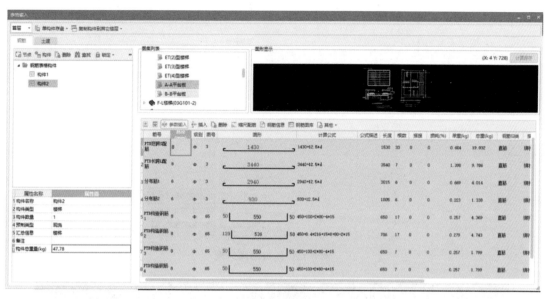

图 8-11　楼梯休息平台板钢筋计算

任务 8.2　雨 篷 设 置

任务要求

本任务需要掌握雨篷的表格输入方法。

（1）雨篷的设置方法同板的设置方法。新建板，修改雨篷板属性，如图 8-12 所示，在工具栏选择【矩形布置】按钮布置雨篷板。

（2）以雨篷板 YPB-1 为例，点击【工程量】对话框内的【表格输入】，再点击【构件】，选择【参数输入】，单击【零星构件】下的挑檐（雨篷）节点二，如图 8-13 所示。

（3）根据二层梁平法施工图上信息修改雨篷钢筋参数，如图 8-14 所示。点击【计算保存】，完成雨篷钢筋的设置。

图 8-12　新建雨篷板

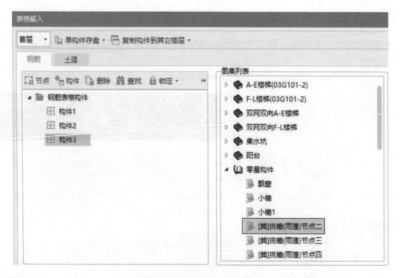

图 8-13　雨篷图集列表

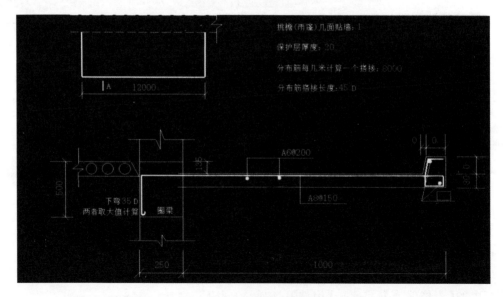

图 8-14　雨篷钢筋参数输入

如何使用其他方法定义雨篷?

项目 9　其　　他

本项目主要介绍建筑面积、平整场地、散水和坡道等工程的建模及工程量计算。

任务 9.1　建　筑　面　积

通过本任务的学习,掌握建筑面积的定义、绘制及工程量的计算。

(1)在导航树中点选【其它】,选择【建筑面积】,系统自动弹出【构件列表】对话框。在该对话框中点选【新建】→【新建建筑面积】,如图 9-1 所示。

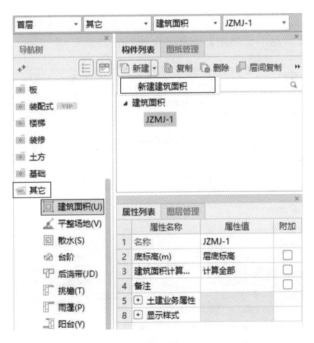

【扫一扫】

图 9-1　新建建筑面积

(2)在工具栏中点击【点】按钮,在外墙范围内任意位置点击鼠标左键布置建筑面积,完成后效果如图 9-2 所示。

(3)切换到其他层按照类似的方法完成所有楼层建筑面积的绘制。

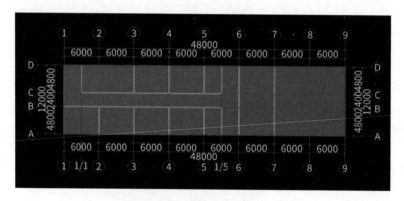

图 9-2　建筑面积布置效果

任务 9.2　平 整 场 地

通过本任务的学习,掌握平整场地的定义、绘制、标注及工程量的计算。

(1)在导航树中点选【其它】,选择【平整场地】,系统自动弹出【构件列表】对话框。在该对话框中点选【新建】→【新建平整场地】,如图 9-3 所示。

【扫一扫】

图 9-3　新建平整场地

(2)点选【绘图】,回到绘图界面。在工具栏中点击【点】按钮,如图 9-4 所示。

(3)在外墙范围内封闭的任意位置点击鼠标左键布置平整场地,完成后效果如图 9-5 所示。

图 9-4 平整场地布置方式选择栏

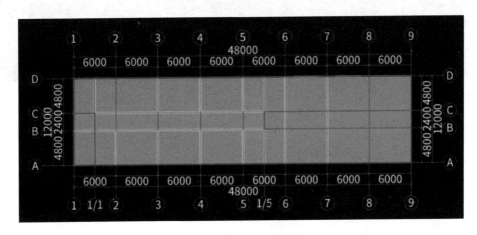

图 9-5 平整场地布置效果

任务9.3 坡 道

通过本任务的学习,掌握坡道的定义、绘制、标注及工程量的计算。

(1)由底层平面图可知本工程坡道参数,如图 9-6 所示。

(2)查看图集赣 04J701,可知本工程坡道详情:属性类型为混凝土结构、混凝土强度等级为 C25、面层厚为 200mm 和垫层厚为 30mm,如图 9-7 所示。

(3)在绘图界面中点选【首层】,将楼层切换到首层,如图 9-8 所示。

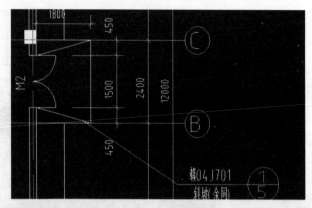

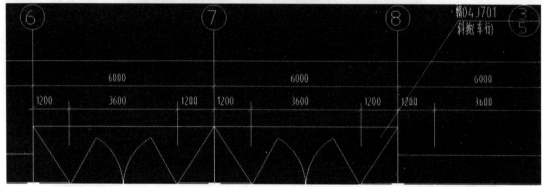

图 9-6　坡道信息

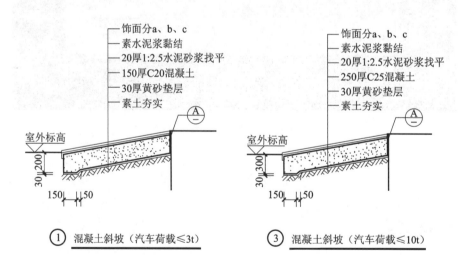

① 混凝土斜坡（汽车荷载≤3t）　　　　③ 混凝土斜坡（汽车荷载≤10t）

图 9-7　坡道做法

　　（4）在导航树中点选【其它】,选择【台阶】,系统自动弹出【构件列表】对话框。在该对话框中点选【新建】→【新建台阶】,在系统自动弹出的【属性列表】对话框中输入台阶相应的属性值,如图 9-9 所示。

　　（5）双击台阶回到绘图界面。在工具栏中点击【直线】按钮,如图 9-10 所示。

　　（6）在绘图界面中,根据图纸光标点选交点形成闭合区域即可绘制坡道。

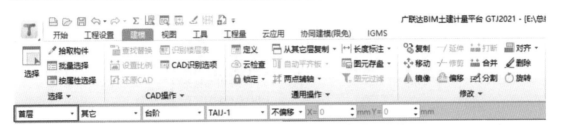

图 9-8　切换到首层

【扫一扫】

图 9-9　台阶属性设置

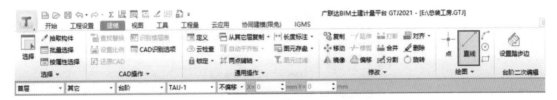

图 9-10　台阶布置方式选择栏

任务 9.4　散　　水

 **任务要求**

通过本任务的学习,掌握散水的定义、绘制、标注及工程量的计算。

（1）由底层平面图中可知本工程散水厚度为900mm，如图9-11所示。

（2）查看图集赣04J701，可知本工程散水做法如图9-12所示。

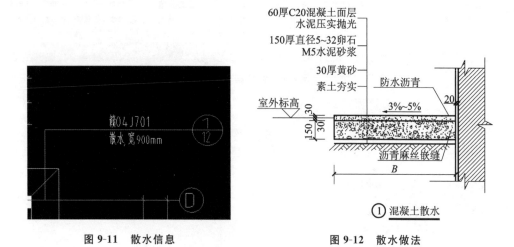

图9-11　散水信息　　　　　　　　　　图9-12　散水做法

（3）在绘图界面中点选【首层】，将楼层切换到首层，如图9-8所示。

（4）在导航树中点选【其它】，选择【散水】，系统自动弹出【构件列表】对话框。在该对话框中点选【新建】→【新建散水】，在系统自动弹出的【属性列表】对话框中输入散水相应的属性值，如图9-13所示。

【扫一扫】

图9-13　散水属性设置

（5）光标点选【绘图】，回到绘图界面。在工具栏中点击【智能布置】按钮，如图9-14所示，选择【外墙外边线】布置散水。

图 9-14 散水布置方式选择栏

(6)系统自动弹出【设置散水宽度】对话框,在对话框中输入 900,点击【确定】,如图 9-15 所示。

图 9-15 输入散水宽度

(7)回到绘图界面中,系统自动完成散水布置,效果如图 9-16 所示。

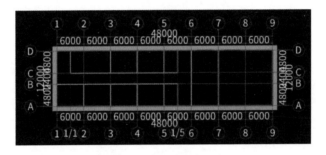

图 9-16 散水布置效果

随堂笔记

项目 10 装 饰 工 程

 **内容提要**

装饰工程是房屋建筑施工的最后一个施工过程,其具体内容包括楼地面、墙柱面、天棚、踢脚、房间和屋面等工程。本项目主要介绍楼地面、墙柱面、天棚、踢脚、房间和屋面的属性设置及图元布置。通过本项目的学习,掌握这些构件的属性设置及布置。

任务 10.1 楼 地 面

 **任务要求**

楼地面工程是指使用各种面层材料对楼地面进行装饰的工程,包括整体面层、块料面层、其他材料面层等。没有地下室的建筑物首层称为地面,其余层都为楼面。本任务介绍了楼地面的属性设置、图元布置及工程量的计算,通过本任务的学习,掌握楼地面工程的属性设置及布置。

(1)在左侧导航树中,左键点击【装饰】,双击【楼地面】,在弹出的【构件列表】对话框中点击【新建】→【新建楼地面】,在【属性列表】对话框中输入相应属性值,选择"是否需要计算防水",如图 10-1 所示

【扫一扫】

图 10-1 楼地面属性设置

（2）建立好楼地面的属性后，从建筑设计总说明中了解楼地面的详细做法，列出楼地面做法与清单定额的对应关系。

①总装工房的楼地面相关参数通过附图 1 的建筑设计说明查询可知，如图 10-2 所示。

图 10-2　建筑设计说明—内部装修

②楼地面的做法查看图集赣 02J1002-7/210，如图 10-3 所示。

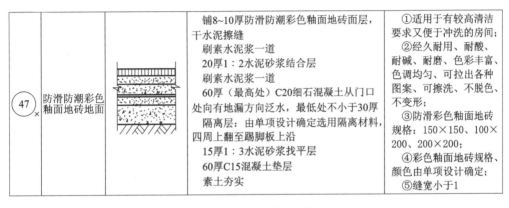

图 10-3　图集中楼地面做法

（3）点击【建模】，切换到建模界面，左键选择工具栏中的【点】按钮，左键单击楼地面所在位置，点击右键楼地面工程就可布置完毕，如图 10-4 所示。

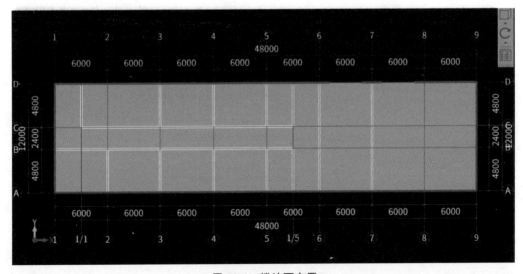

图 10-4　楼地面布置

楼地面装修如何操作？

任务10.2　墙　柱　面

墙柱面工程包括外墙面和内墙面工程。外墙面指外墙的外侧面，内墙面包括外墙的内侧面和内墙的两面。本任务介绍了墙柱面的属性设置、图元布置及工程量的计算，通过本任务的学习，掌握墙面工程的属性设置及布置。

（1）在左侧的导航树中左键点击【装饰】，双击【墙面】，在弹出的【构件列表】对话框中点击【新建】→【新建内墙面】或【新建外墙面】，在【属性列表】对话框中输入相应属性值，墙面的标高按软件默认值进行设置，如图10-5所示。

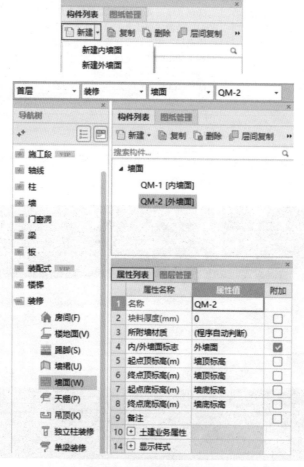

图10-5　墙面的属性设置

（2）建立好内外墙面的属性后，从建筑设计说明中了解内外墙面的详细做法，列出内外墙面做法与清单定额的对应关系。总装工房的外墙面相关参数通过附图 1 的建筑设计说明查询可知，如图 10-6 所示。

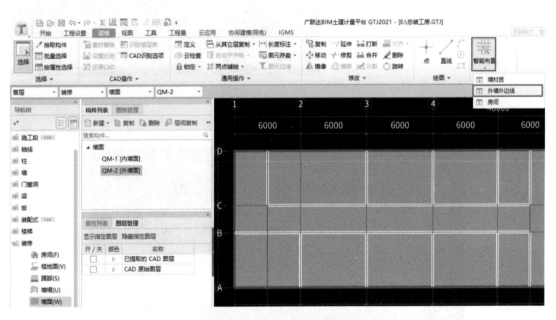

图 10-6　建筑设计说明—外墙装饰

（3）点击【建模】，切换到建模界面，外墙面工程布置的一种方法是：左键选择工具栏中的【智能布置】按钮，选择【外墙外边线】，在绘图区域将整个建筑物框选，这样能够快速地将外墙面工程布置完成，如图 10-7 所示。

图 10-7　外墙的智能布置

另一种方法是：左键选择工具栏中的【点】按钮，左键单击外墙所在位置，点击右键外墙面工程就可布置完毕，如图 10-8 所示。

（4）点击工具栏上的【三维】按钮，可以查看外墙面布置的具体情况，如图 10-9 所示。

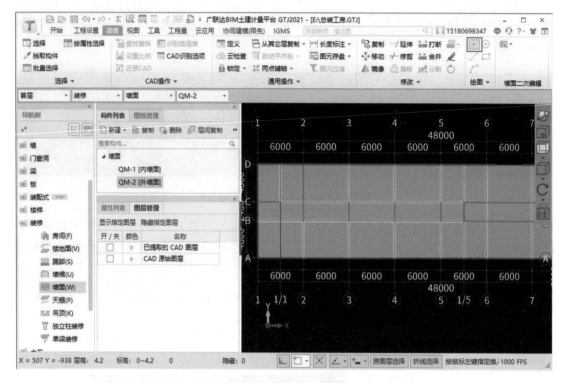

图 10-8　墙面的点布置

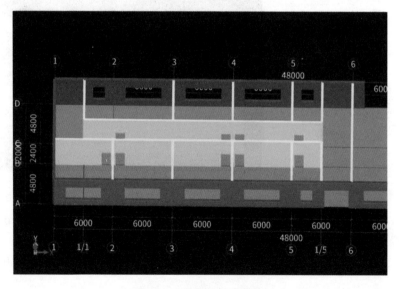

图 10-9　墙面的三维显示

 发散思维

外墙面工程有哪几种布置方式,你认为最简便的布置方式是什么?

任务10.3 天棚抹灰

任务要求

天棚指室内空间上部的结构层或装修层。本任务介绍了天棚抹灰的属性设置、图元布置及工程量的计算,通过本任务的学习,掌握天棚抹灰的属性设置及布置。

(1)在左侧的导航树中左键选择【装饰】→【天棚】,在弹出的【构件列表】对话框中点击【新建】→【新建天棚】,在【属性列表】对话框中输入相应属性值,如图10-10所示。

图 10-10 天棚抹灰的属性设置

(2)建立好天棚的属性后,从建筑设计说明中了解天棚的详细做法,列出天棚做法与清单定额的对应关系。总装工房的天棚抹灰相关参数见图10-2。

天棚抹灰的做法查看图集赣02J802-1$_b$/53,如图10-11所示。

(3)点击【建模】,切换到建模界面,左键选择工具栏中的【智能布置】→【现浇板】按钮,在绘图区域逐个点选现浇板,再点击右键即可将天棚抹灰布置完成,如图10-12所示。

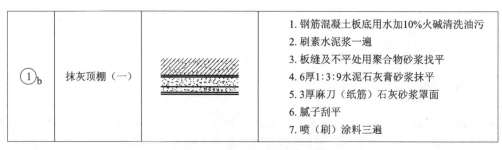

①ᵇ	抹灰顶棚（一）		1. 钢筋混凝土板底用水加10%火碱清洗油污 2. 刷素水泥浆一遍 3. 板缝及不平处用聚合物砂浆找平 4. 6厚1:3:9水泥石灰膏砂浆抹平 5. 3厚麻刀（纸筋）石灰砂浆罩面 6. 腻子刮平 7. 喷（刷）涂料三遍

图 10-11　图集中天棚抹灰做法

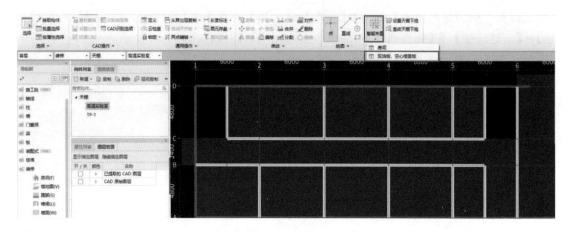

图 10-12　天棚抹灰的布置

建筑工程项目中的屋面为斜屋面时，怎么布置其天棚抹灰？

任务 10.4　踢　　脚

踢脚，顾名思义就是脚踢得着的墙面区域，所以较易受到冲击。本任务介绍了踢脚的属性设置、图元布置及工程量的计算，通过本任务的学习，掌握踢脚的属性设置及布置。

（1）在左侧的导航树中左键选择【装饰】→【踢脚】，在弹出的【构件列表】对话框中点击【新建】→【新建踢脚】，在【属性列表】对话框中输入相应属性值，修改名称为"踢脚线1"，踢脚的标高按软件默认值进行设置，如图10-13所示。

（2）设置好踢脚的属性后，从建筑设计说明中了解踢脚的详细做法，列出天棚做法与清单定额的对应关系。总装工房踢脚相关参数见图10-2。

踢脚的做法查看图集赣01J301-1/63，查询结果如图10-14所示。

（3）点击【建模】，切换到建模界面，左键选择工具栏中的【点】按钮，左键选择墙体，再点击右键即可将踢脚布置完成，如图10-15所示。

图 10-13 踢脚的属性设置

①	水泥砂浆踢脚板（砖墙基体）		5厚1：2水泥砂浆面层压实抹光 13~15厚1：3水泥砂浆，扫毛或划出纹道 5厚1：3水泥砂浆打底扫毛 将基体用水湿透	适用于水泥砂浆楼、地面，混凝土楼、地面，细石混凝土楼、地面及室内一般装修的楼、地面
②	不发火水泥砂浆踢脚板		15厚1：2不发火水泥砂浆面层压实抹光 10厚1：3水泥砂浆打底扫毛	

图 10-14 图集中踢脚的做法

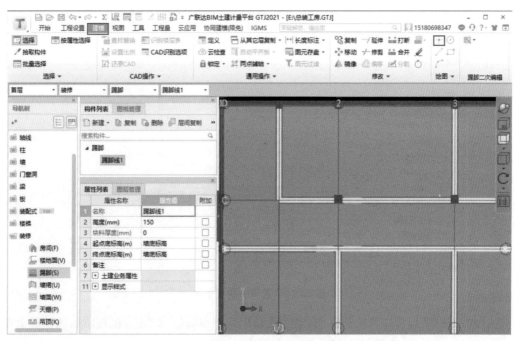

图 10-15 踢脚的布置

任务10.5 房　　间

任务要求

　　装饰工程里的房间是一个组合性功能,按照依附设置将楼地面、墙柱面、天棚、踢脚组合成一个房间,统一进行布置。本任务介绍了房间的属性设置、图元布置及工程量的计算,通过本任务的学习,掌握房间的属性设置及布置。

　　从建施2底层平面图可以看出首层有多个实验室,通过建筑设计说明可知每个房间的具体装修做法都是一样的,故下文以高温实验室为例进行讲解。

　　(1)在左侧的导航树中左键选择【装饰】→【房间】,在弹出的【构件列表】对话框中点击【新建】→【新建房间】;在【属性列表】对话框中输入相应属性值,修改房间名称为"高温实验室";在"定义"界面,将【构件类型】下的【楼地面】、【踢脚】、【墙面】、【天棚】等构件逐一进行添加,如图10-16所示。

图10-16　房间的属性设置

　　(2)点击【绘图】,切换到绘图界面,左键选择工具栏中的【点】按钮,在封闭的区域逐个点选即可将房间布置完成,如图10-17所示。

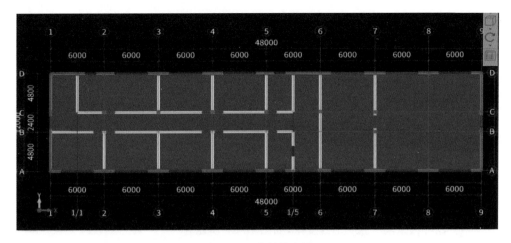

图 10-17　房间的布置

(3)点击工具栏上的【三维】按钮,可以查看房间中地面、天棚、墙面、踢脚的布置情况,如图 10-18 所示。

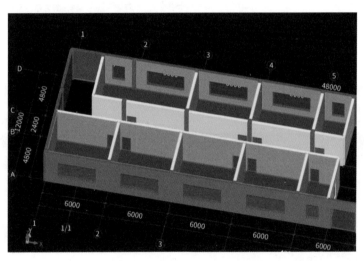

图 10-18　房间的三维显示

注:房间布置是将一个独立空间的装饰做法成套设置的一种快速方法。各装饰做法也可以分别设置到各独立空间。

当房间为非封闭区域时,怎么布置房间?

任务 10.6　二层及其他楼层的装饰工程

本任务主要介绍了二层及其他楼层的复制命令,将首层的构件复制到其他楼层,从而计算

整个建筑物的工程量。通过本任务的学习,掌握二层及其他楼层的复制命令,并计算建筑物整体的工程量。

（1）复制构件

通过以上的讲解与练习,首层的建筑、结构与装饰部分已经完成,如何快速地计算其他楼层的工程量呢？广联达软件提供了快速绘制其他楼层的方法,只需要一个按钮（即"复制到其它层"）就可以把绘制好的楼层中所有构件复制过来,我们只需要简单地修改一下与源楼层不同的地方,就可以汇总出整个工程的工程量。

（2）从其他楼层复制构件

①在左侧的导航树中双击需要复制的构件,回到【定义】界面,找到楼层切换按钮,选择所要切换的楼层,点击【从其它层复制】按钮,如图 10-19 所示。

图 10-19　【从其它层复制】按钮

②弹出【从其它楼层复制图元】对话框,左键选择源楼层和需要复制的构件,选择完后点击确定即可,如图 10-20 所示。

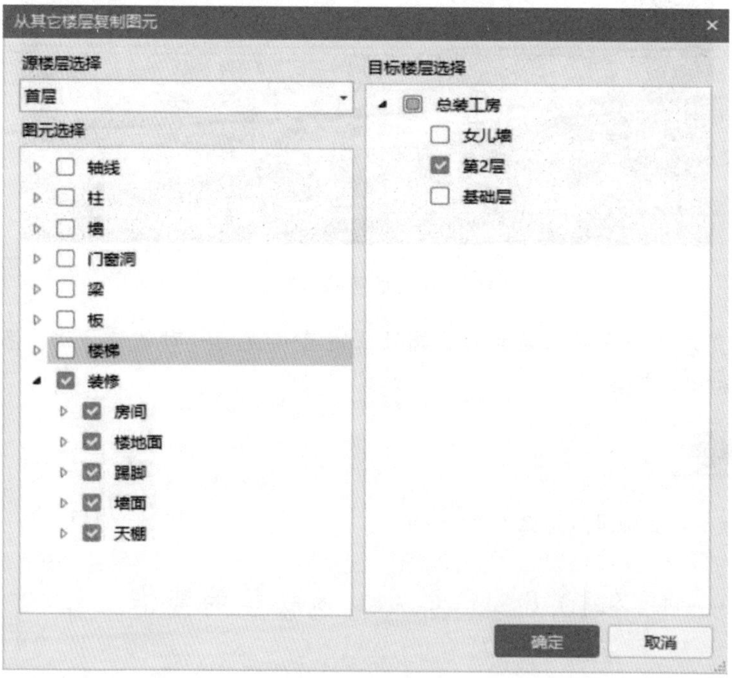

图 10-20　构件复制

任务 10.7　屋　　面

 **任务要求**

屋面是指建筑物屋顶的表面,主要包括屋脊与屋檐之间的部分,这一部分占据了屋顶的较大部分面积。本任务介绍了屋面的属性设置、图元布置及工程量的计算,通过本任务的学习,掌握屋面的属性设置及布置。

(1)在左侧的导航树中左键选择【其它】→【屋面】,在弹出的【构件列表】对话框中点击【新建】→【新建屋面】,在【属性列表】对话框中输入相应属性值,修改名称为"屋面 1",屋面的顶标高按软件默认值进行设置,如图 10-21 所示。

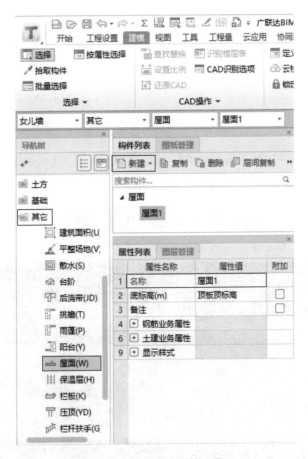

图 10-21　屋面的属性设置

(2)设置好屋面的属性后,从屋顶平面图可了解屋面的详细做法,列出屋面做法与清单定额的对应关系。

①总装工房的屋面相关参数通过建施 3 的屋顶平面图可知,如图 10-22 所示。

②屋面的做法查看图集赣 02SJ206-51/20,如图 10-23 所示。

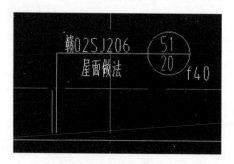

图 10-22　屋面相关参数

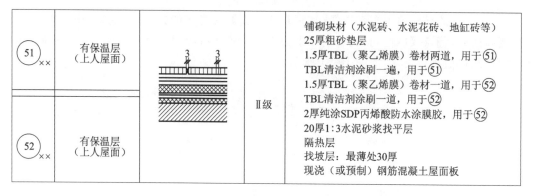

图 10-23　图集中屋面的做法

（3）在绘图界面，左键选择工具栏中的【点】按钮，在封闭的区域逐个点选即可将屋面布置完成，如图 10-24 所示。

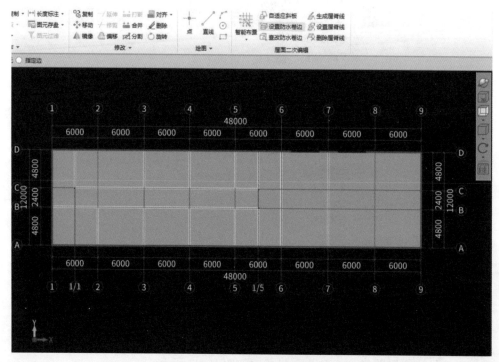

图 10-24　屋面的布置

（4）左键点击【设置防水卷边】按钮，在弹出的【设置防水卷边】对话框中输入屋面的卷边高度，如图 10-25 所示。

图 10-25　屋面的防水卷边设置

项目 11　全楼汇总

内容提要

本项目阐述了在软件中如何计算汇总工程量,查看工程量报表。

任务要求

本任务需要掌握工程量汇总计算以及各报表的查看。

点击绘图界面的【汇总计算】按钮,会弹出对话框询问"汇总全部还是某一楼层的工程量",在该对话框中有控件【单构件汇总】,若绘制了楼梯等单构件还需勾选此项。汇总完成后点击【查看报表】按钮,可查看汇总的各项报表。如图 11-1 所示。

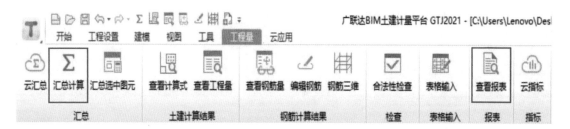

图 11-1　汇总计算

模块二　计价工程

项目 12　计价管理

内容提要

本项目主要介绍广联达云计价平台 GCCP5.0 在新建计价文件、整理清单项、计价单的换算、调整人材机、计取规费和税金、报表的输出与复核等方面的内容与操作。

任务 12.1　新建计价文件

任务要求

本任务需要掌握导入土建计量工程文件的方法。

广联达云计价平台 GCCP5.0 是广联达公司的一款计价软件。该软件支持清单计价和定额计价两种模式,可以满足招标投标和结算阶段造价文件的编制和管理。

工程量清单计价模块主要用于编制单位工程的工程量清单或投标报价。本书以清单计价模块为主要讲解模块,将广联达 BIM 土建计量平台 GTJ2021 的工程量导入计价软件中,并在计价软件中进行整理操作。

12.1.1　主界面介绍

在桌面上双击"广联达云计价平台 GCCP5.0"软件图标(图 12-1)打开广联达云计价平台 GCCP5.0。

图 12-1　GCCP5.0
软件图标

招投标主界面如图 12-2 所示,主要有:

①标题栏。包含撤销恢复,剪切板和呈现正在编辑的工程的标题名称。

②一级导航。包含文件,编制,调价,报表,指标,电子标及账户等。

③功能区。随着界面的切换,功能区包含的内容不同。

④二级导航。是用户在编制过程中需要切换页签完成的工作。

⑤项目结构树。可切换到不同的工程界面。

⑥分栏显示区。显示整个项目下的分部结构,点击分部实现按分部显示,可关闭此窗口。

⑦数据编辑区。切换到每个界面,都会自己特有的数据编辑界面,供用户操作,这部分是用户的主操作区域。

⑧属性窗口。默认泊靠在界面下边,可隐藏此窗口。

⑨状态栏。呈现所选的清单、定额、专业等信息。

其中一级导航有 11 个可展开的内容,可以对造价文件进行管理,如图 12-3 所示。

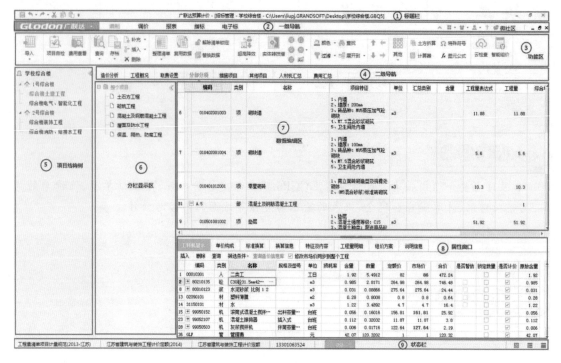

图 12-2　招投标主界面

图 12-3　一级导航展开

展开折叠命令是对功能区进行展开、折叠，如图 12-4 所示。

图 12-4　展开折叠

窗口命令可以关闭当前文件或者编辑多个文件的显示方式及显示当前文件信息，如图 12-5 所示。

图 12-5　窗口

账户信息（包含皮肤和微社区）可以显示云锁等登录的信息，设置皮肤肤色和微社区互动，图 12-6 所示。

图 12-6　账户信息

帮助及反馈命令可以查看帮助、新版特性、地区特性，还可对版本进行反馈，如图 12-7 所示。

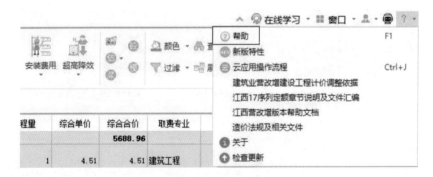

图 12-7　帮助及反馈

12.1.2　新建工程

（1）通常情况下一个工程分为项目、单项、单位，需要新建后进行套价，新建项目步骤如下：
步骤一，在主界面中选择【新建招投标项目】，如图12-8所示。

图 12-8　新建招投标项目

步骤二，根据自身工程性质，选择地区、计价方式及招投标项目或单位工程；软件会启动文件管理界面，进入文件管理界面。本工程选择【清单计价】，点击【新建招标项目】，如图12-9所示。

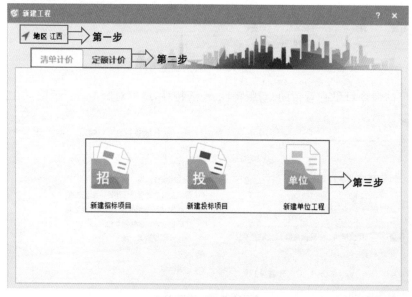

图 12-9　新建工程

步骤三,输入项目名称、项目编码,选择地区标准、定额标准、计税方式、税改文件,如图 12-10 所示。

说明:现在实行营改增,一般的工程都是增值税计价模式,简易计税模式只适应小型项目,这要考虑税务申报方式是一般纳税人或小规模纳税人(年收入 500 万元内)。

图 12-10　填写项目信息

(2)输入以上信息后,点击【下一步】,软件会进入招标管理主界面,点击【新建单项项目】,在弹出的新建单项工程界面中输入单项工程名称,勾选相应单位工程,点击【确定】,如图 12-11 所示。

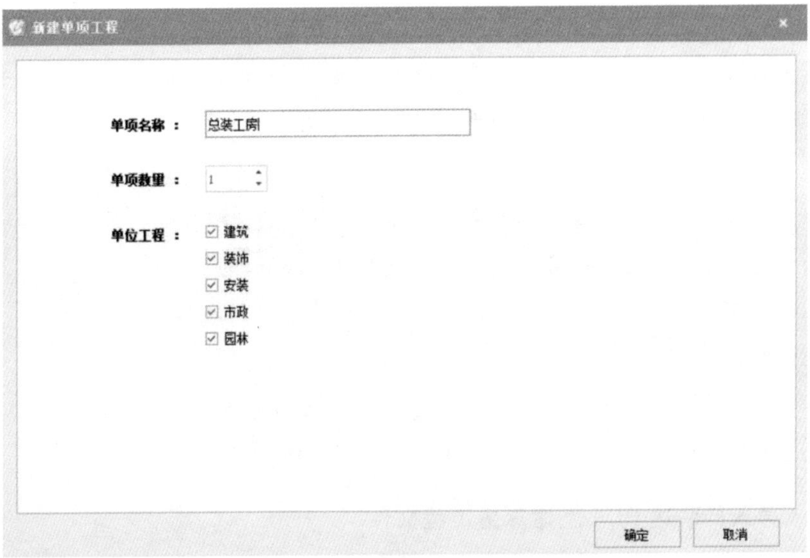

图 12-11　新建单项工程

（3）点击【新建单位项目】，根据实际情况输入工程名称，选择清单库、清单专业、定额库、定额专业、计税方式、税改文件。点击【确定】按钮可完成新建单位工程，如图12-12所示。

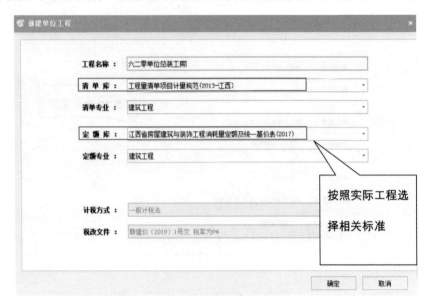

图12-12　新建单位工程

（4）用同样的方法新建其他单位工程，如装饰工程、安装工程等。通过以上操作完成新建一个招标项目，并形成项目的结构，如图12-13所示。

图12-13　新建招标工程

12.1.3　导入广联达BIM土建算量工程文件

（1）进入"土建工程"单位工程界面，点击【分部分项】，再点击【导入算量文件】，如图12-14所示。

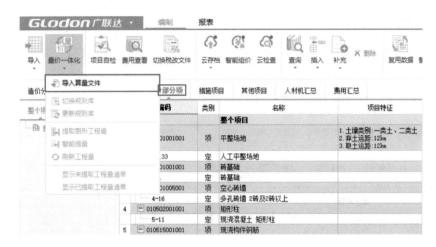

图 12-14　【导入算量文件】按钮

（2）弹出【打开文件】对话框，选择算量文件所在位置找到相关算量文件，检查无误后单击【打开】按钮，完成广联达 BIM 土建算量文件的导入，如图 12-15 所示。

图 12-15　选择并导入算量文件

任务 12.2　整理清单项

本任务介绍了整理分部分项清单项、完善项目特征的描述、增加钢筋清单项等工程。通过本任务的学习，掌握分部分项清单项的整理以及项目特征的描述。

12.2.1　整理清单

（1）在单位工程界面，左键点击【分部分项】，点击【整理清单】，选择【分部整理】，如图 12-16 所示。

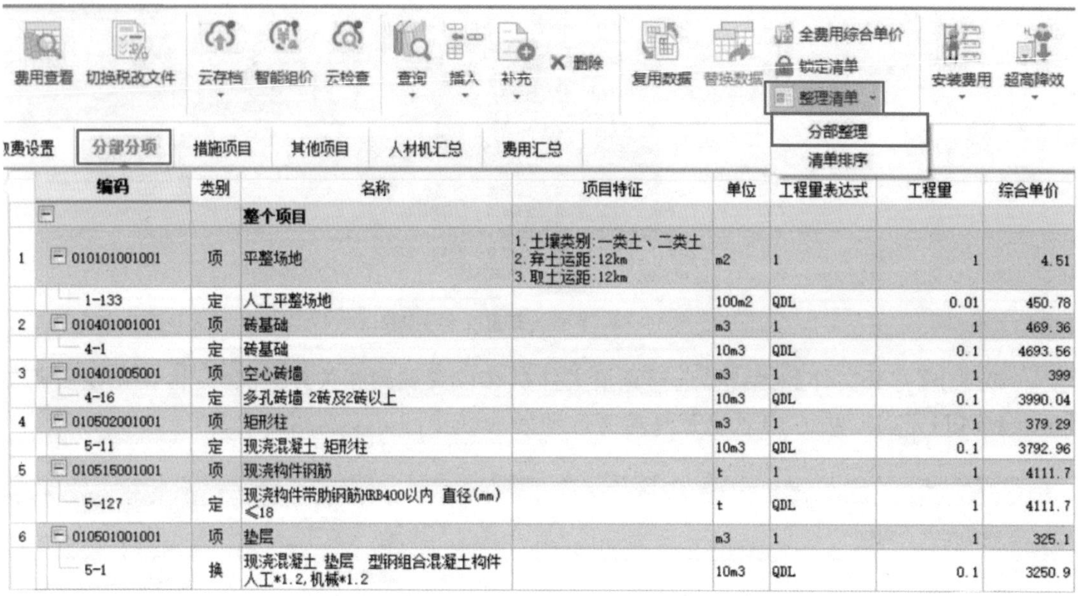

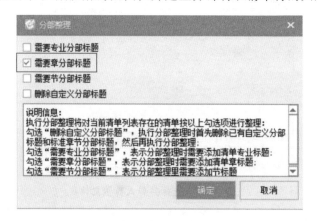

图 12-16　选择【分部整理】

（2）在弹出的【分部整理】对话框中勾选【需要章分部标题】，点击【确定】，如图 12-17 所示，软件会按照计价规范的章节编排增加分部行，并建立分部行和清单行的归属关系。

图 12-17　完成分部整理

12.2.2　项目特征描述

（1）广联达 BIM 土建算量文件中已包含了项目特征描述，如果想修改项目特征描述，可以左键选择清单项，点击【特征及内容】，单击某特征的特征值单元格，选择或者输入特征值，如图 12-18 所示。

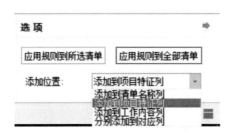

图 12-18　项目特征描述

（2）在界面中点击【应用规则到全部清单】，软件会把项目特征信息输入到项目名称中，如图 12-19 所示。

图 12-19　应用规则到全部清单

12.2.3　输入钢筋工程量清单项

导入的广联达 BIM 土建算量文件中没有包含钢筋工程量的清单项，因此需要添加钢筋工程量的清单。工程量清单项的输入包括查询输入、按照编码直接输入、补充清单项。

（1）查询输入

在分部分项界面，点击【查询】，选择【查询清单】，在弹出的界面中双击相应的清单项目，即可将清单项直接输入到软件中，如图 12-20 所示。

图 12-20　清单查询输入

（2）按编码直接输入

在分部分项界面,点击【插入】,选择【插入清单】,然后在空白的编码列直接输入清单编码,按【回车键】即可将清单项目直接输入到软件中,如图 12-21 所示。

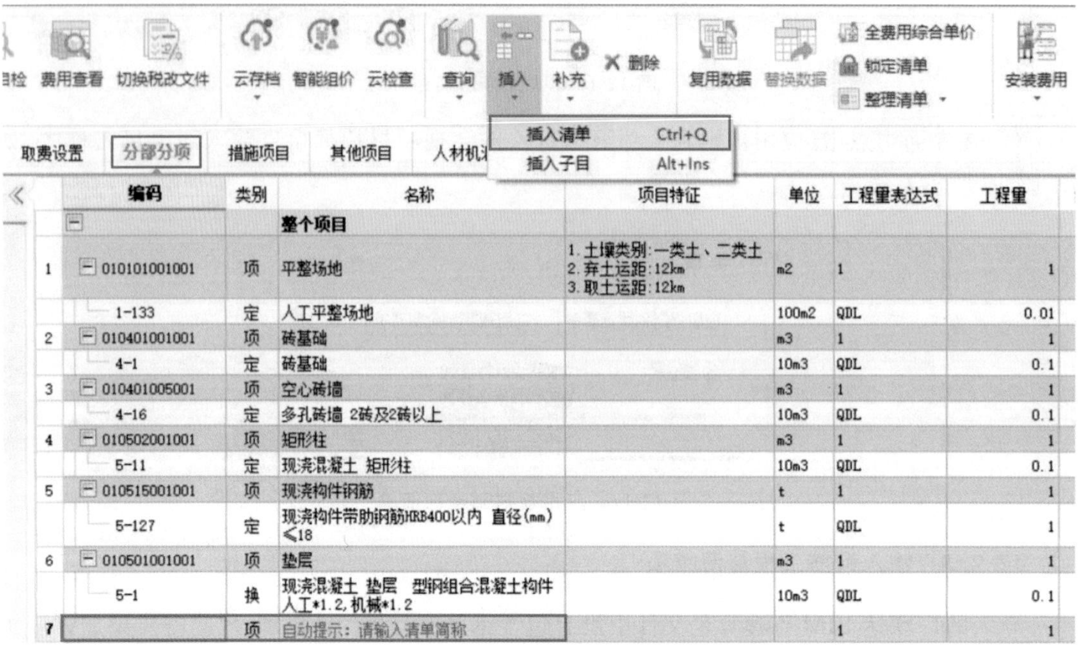

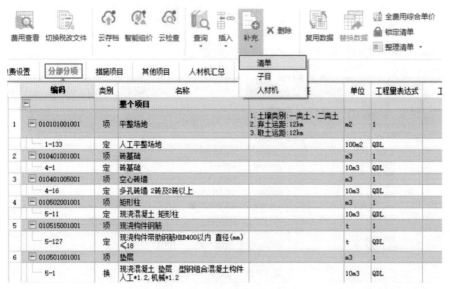

图 12-21　清单按编码直接输入

（3）补充清单项

补充清单项有以下 2 种方法:

①在分部分项界面,点击【补充】,选择【清单】,如图 12-22 所示,在弹出的界面中输入补充清单项名称、单位、项目特征、工作内容、计算规则,即可补充一条清单项,如图 12-23 所示。

图 12-22　【补充】【清单】选项

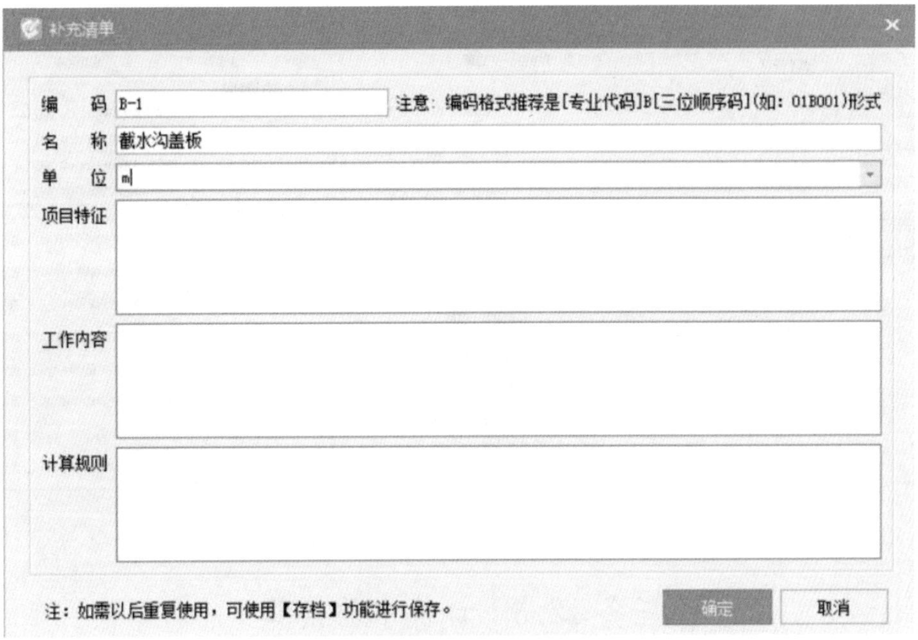

图 12-23　【补充清单】界面

②在分部分项界面,点击【插入】,选择【插入清单】,然后在空白的编码列直接输入"B-1",按【回车键】即可完成补充清单输入,如图 12-24 所示。

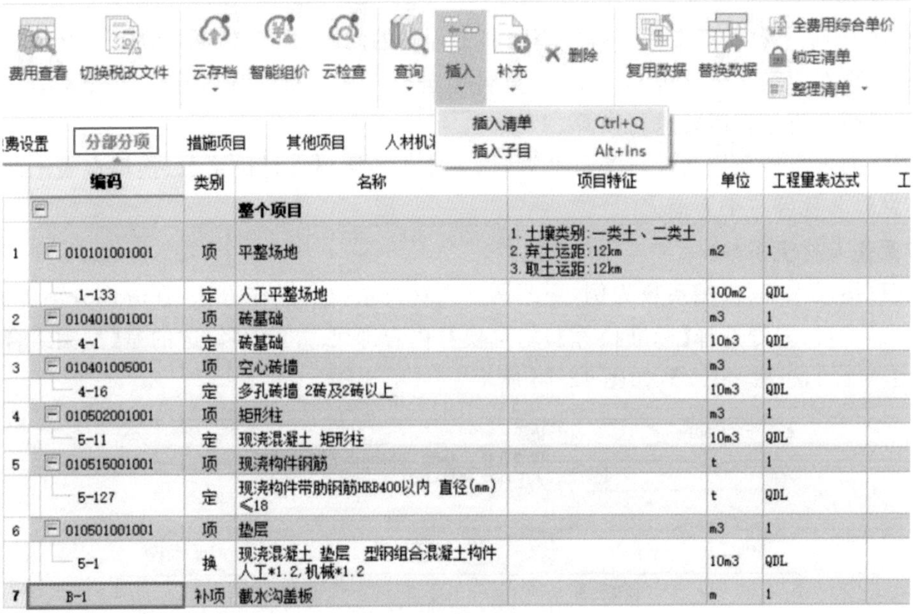

	编码	类别	名称	项目特征	单位	工程量表达式	工
	−		整个项目				
1	− 010101001001	项	平整场地	1.土壤类别:一类土、二类土 2.弃土运距:12km 3.取土运距:12km	m2	1	
	1-133	定	人工平整场地		100m2	QDL	
2	− 010401001001	项	砖基础		m3	1	
	4-1	定	砖基础		10m3	QDL	
3	− 010401005001	项	空心砖墙		m3	1	
	4-16	定	多孔砖墙 2砖及2砖以上		10m3	QDL	
4	− 010502001001	项	矩形柱		m3	1	
	5-11	定	现浇混凝土 矩形柱		10m3	QDL	
5	− 010515001001	项	现浇构件钢筋		t	1	
	5-127	定	现浇构件带肋钢筋HRB400以内 直径(mm) ≤18		t	QDL	
6	− 010501001001	项	垫层		m3	1	
	5-1	换	现浇混凝土 垫层 型钢组合混凝土构件 人工*1.2,机械*1.2		10m3	QDL	
7	B-1	补项	截水沟盖板		m	1	

图 12-24　通过【插入清单】补充清单

(4)钢筋清单项的输入

按照以上介绍的几种方法,可以将钢筋工程的清单项添加完成,如图 12-25 所示。

图 12-25　增加钢筋清单项

任务 12.3　计价中的换算

本任务介绍了计价换算的多种方法,通过本任务的学习,掌握清单项子目换算的操作方法。

广联达 BIM 土建算量文件是解决算哪些工程量的问题,而相对应的清单工程及子目工程量的所有换算在广联达云计价 GCCP5.0 软件中进行。在进行换算工作之前需要结合清单的项目特征对照分析是否需要进行换算。

按清单的项目特征描述进行子目换算时,主要包括调整人材机系数、换算混凝土及砂浆标号、更换材料名称等三个方面。

(1)调整人材机系数

以调整垫层人工、机械系数为例,介绍调整人材机系数的操作方法:在分部分项界面,点击垫层的定额子目,左键选择【标准换算】,勾选换算内容即可,本案例勾选的是【型钢组合混凝土构件 人工×1.2,机械×1.2】,如图 12-26 所示。

6	⊟ 010501001001	项	垫层
	5-1 …	换	现浇混凝土 垫层　型钢组合混凝土构件 人工*1.2,机械*1.2

工料机显示	单价构成	标准换算	换算信息	安装费用	特征及内容

	换算列表	换算内容
1	型钢组合混凝土构件 人工*1.2,机械*1.2	☑
2	采用地暖的地板混凝土垫层 人工*1.3,材料*0.95	☐
3	换预拌混凝土 C15	80210555　预拌混凝土 C15

图 12-26　调整人材机系数

（2）换算混凝土及砂浆标号

以换算预拌混凝土标号为例，介绍换算混凝土及砂浆标号的操作方法：如混凝土垫层的混凝土标号为 C15，在分部分项界面，点击垫层的定额子目，左键选择【标准换算】，点击换算列表下方的材料进行换算即可。本案例选择【预拌混凝土 C15】，如图 12-27 所示。

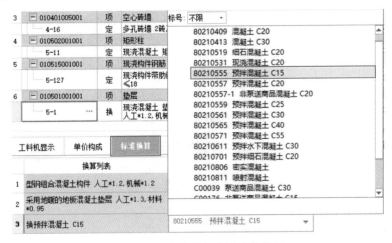

图 12-27　换算混凝土及砂浆标号

（3）批量换算

若清单中的材料进行换算的系数相同时，可选中所有换算内容相同的清单项，单击常用功能中的【其他】→【批量换算】，在【设置工料机系数】标题栏下对材料进行换算，如图 12-28 所示。

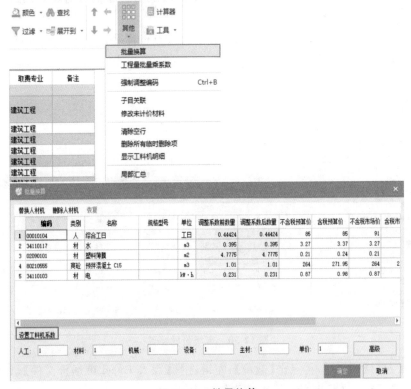

图 12-28　批量换算

（4）锁定清单

在所有清单补充完整之后，可运用【锁定清单】功能对所有清单项进行锁定，锁定之后的清单项将不能再进行添加和删除等操作；若要进行修改，可先对清单项进行解锁，如图 12-29 所示。

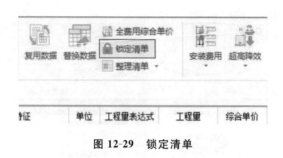

图 12-29　锁定清单

任务 12.4　调整人材机

本任务介绍了调整定额工日、调整材料价格，通过本任务的学习，掌握调整人材机的操作方法。

在人材机汇总界面下，参照招标文件要求、根据当地的实际情况对材料"市场价"进行调整。有如下两种方法：

（1）点击【人材机汇总】，在所有人材机单价中直接点击需要调整的表格进行调整，如将综合工日的市场价调整为"91"，如图 12-30 所示。

类别	名称	规格型号	单位	数量	不含税预算价	含税预算价	不含税市场价	含税市场价	进项税率(%)
人	综合工日		工日	9.62973	85	85	91	91	0
人	人工费调整		元	0.004	1	1	1	1	0
材	钢筋 HRB400以内φ12～18		kg	1025	3.07	3.46	3.07	3.46	12.75
材	镀锌铁丝 φ0.7		kg	3.65	7.6	8.57	7.6	8.57	12.75
材	塑料薄膜		m2	4.7775	0.21	0.24	0.21	0.24	12.75
材	土工布		m2	0.0912	7.29	8.22	7.29	8.22	12.75
材	低合金钢焊条 E43系列		kg	5.4	7.03	7.93	7.03	7.93	12.75
材	烧结多孔砖 240×115×90		千块	0.333	524.07	539.84	524.07	539.84	3.01
材	烧结煤矸石普通砖 240×115×53		千块	0.5262	412.46	424.88	412.46	424.88	3.01

图 12-30　市场价的修改

（2）点击【人材机汇总】，再点击【载价】，左键选择【载入 Excel 市场价文件】，如图 12-31 所示，选择相应的 Excel 文件即可完成市场价的载入。

图 12-31　载入市场价

任务 12.5　计取规费和税金

本任务介绍了载入模板、修改报表样式、调整规费,通过本任务的学习,掌握规费和税金的计取及修改。

(1)载入模板

在费用汇总界面,点击【载入模板】,弹出选择模板的对话框;根据招标文件中的项目施工地点,选择正确的模板进行载入即可,如图 12-32 所示。

图 12-32　载入模板

(2)调整规费

针对项目特点,设置费用条件,若需要修改费率,可在【取费设置】中进行。参照工程所在地的费率标准,在相对应的费率栏进行修改即可,如图 12-33 所示。

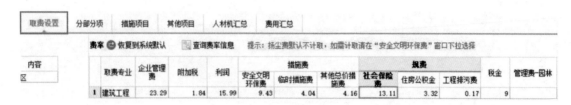

图 12-33   规费调整

任务 12.6   报表的输出与复核

任务要求

本任务介绍了如何进行报表的输出与复核,通过本任务的学习,掌握报表的输出与复核的方法。

(1)报表预览

点击【报表】,弹出报表界面,点击【载入报表】,选择相应报表模板或历史工程,点击【打开】按钮即可,如图 12-34 所示。

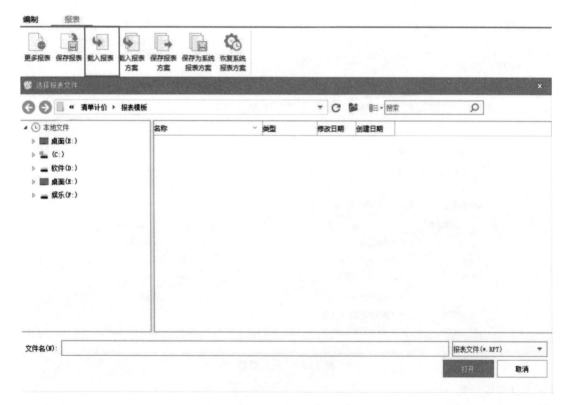

图 12-34   报表预览

（2）报表的输出

①单张报表可以导出为 Excel 文件，点击【导出到 Excel 文件】，在保存界面输入文件名，点击【保存】即可，如图 12-35 所示。

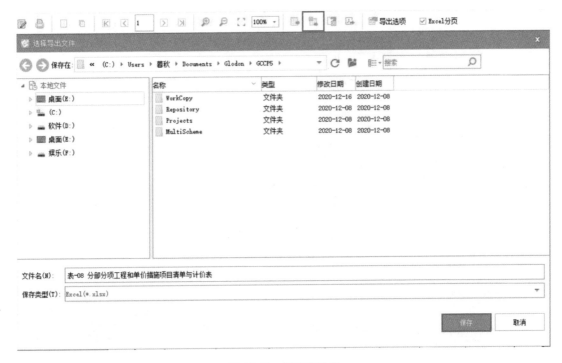

图 12-35   报表的输出

②也可以把所有报表批量导出为一个 Excel 文件，点击【批量导出到 Excel】，勾选需要导出的报表，点击【导出选择表】，输入文件名后点击【保存】即可，如图 12-36 所示。

（3）报表的设计

①快速调整列宽。如果报表在一页中宽度无法显示，需点击【自适应列宽】，即可快速调整列宽，如图 12-37 所示。

②填写报表封面。在报表界面，点击【设计】，弹出【报表设计器】对话框，在报表设计器中输入相应信息，如图 12-38 所示。

图 12-36　报表的批量输出

图 12-37　报表的设计

图 12-38　填写报表封面

附录　总装工房项目招标控制价报表

_____总装工房项目_____工程

招标控制价

招 标 人：_____
（单位盖章）

造价咨询人：_____
（单位盖章）

年　　月　　日

_____总装工房项目_____工程

招标控制价

招标控制价 （小写）：_____1470142.96_____

（大写）：_____壹佰肆拾柒万零壹佰肆拾贰元玖角陆分_____

招 标 人：_____
（单位盖章）

造价咨询人：_____
（单位盖章）

法定代理人
或其授权人：_____
（签字或盖章）

法定代理人
造价咨询人：_____
（签字或盖章）

编 制 人：_____
（造价人员签字盖专用章）

复 核 人：_____
（造价工程师签字盖专用章）

编 制 时 间： 年 月 日　　复 核 时 间： 年 月 日

总　说　明

工程名称:总装工房项目　　　　　　　　　　　　　　　　　　第1页　共1页

总装工房项目招标控制价编制说明

一、工程概况

本工程为总装工房项目,建设单位为江西省国防工办六二零单位,设计单位为江西省国防工业设计院,本工程为两层框架结构,基础类型为独立基础。

二、招标范围

总装工房工程工程量清单及施工图包含的所有内容。

三、编制依据

1.根据业主提供的图纸"总装工房"。

2.执行《建设工程工程量清单计价规范》(GB 50500—2013)、《江西省建筑与装饰装修工程消耗量定额及统一基价表》(2017 年)、《江西省建设工程费用定额》(2017 年)及相关图集。

四、编制说明

1.按《江西省建设工程费用定额》(2017 年)工程类别的划分标准计取管理费、利润,本工程为建筑装饰市区取费。

2.主要地方材料价格参照南昌市某年 11 月份市场指导价格,无指导价的按照市场价。

3.规费、税金按相关规定计取。

4.本工程安装项目暂估价 50000 元。

单位工程招标控制价汇总表

工程名称:总装工房项目　　　　　标段:总装工房项目　　　　　第1页 共1页

序号	汇总内容	金额(元)	其中:暂估价(元)
一	分部分项工程量清单计价合计	1159436.37	
1	其中:定额人工费	318063.79	
2	其中:定额机械费	37009.12	
1.1	A.1 土石方工程	20708.6	
1.2	A.4 砌筑工程	132654.79	
1.3	A.5 混凝土及钢筋混凝土工程	316465.79	
1.4	A.8 门窗工程	107276.71	
1.5	A.9 屋面及防水工程	87477.37	
1.6	A.11 楼地面装饰工程	126945.11	
1.7	A.12 墙、柱面装饰与隔断、幕墙工程	168908.06	
1.8	A.13 天棚工程	43614.1	
1.9	技术措施项目	155385.84	
二	单价措施项目清单计价合计		
3	其中:定额人工费		
4	其中:定额机械费		
三	总价措施项目清单计价合计	56074.65	
5	安全文明施工措施费	42843.2	
5.1	安全文明环保费	29993.42	
5.2	临时设施费	12849.78	
6	其他总价措施费	13231.45	
四	其他项目清单计价合计	50000	—
7	暂列金额		
8	专业工程暂估价	50000	
9	计日工		
10	总承包服务费		
11	招标代理费		
五	规费	58942.1	—
12	社会保险费	46550.06	
13	住房公积金	11788.42	
14	工程排污费	603.62	
六	税金	145689.84	—
	招标控制价合计	1470142.96	

注:本表适用于单位工程招标控制价或投标报价的汇总,如无单位工程划分,单项工程也使用本表汇总

分部分项工程和单价措施项目清单与计价表

工程名称:总装工房项目　　　　　　标段:总装工房项目　　　　　　第　页共　页

序号	编码	名称	项目特征描述	计量单位	工程量	金额(元)		
						综合单价	合价	其中 暂估价
	A.1	土石方工程					20708.6	
1	010101001001	平整场地	1.土壤类别:三类土 2.弃土运距:不考虑运土 3.人工平整场地	m²	590.46	4.29	2533.07	
2	010101002001	挖一般土方	1.土壤类别:三类土 2.挖土平均厚度:1.2m 3.弃土运距:不考虑运土 4.人机配合:人工10%,机械90%	m³	851.78	8.9	7580.84	
3	010103001001	回填方	1.土质要求:原土回填 2.夯填(碾压):夯填	m³	813.1	13.03	10594.69	
	A.4	砌筑工程					132654.79	
4	010401001001	砖基础	1.砖品种、规格、强度等级:黏土砖 2.基础类型:条形 3.基础深度:1000mm 4.砂浆强度等级:水泥M5.0	m³	41.02	387.85	15909.61	
5	010401004001	多孔砖墙	1.墙体类型:多孔砖墙 2.墙体厚度:240 3.空心砖、砌块品种、规格、强度等级:MU10烧结多孔砖(240×115×90) 4.砂浆强度等级、配合比:混合M5.0	m³	326.95	343.35	112258.28	
6	010404001001	垫层	1.混凝土强度等级:C15 2.混凝土拌合料要求:非泵送商品混凝土 卵石	m³	14.31	313.55	4486.9	
	A.5	混凝土及钢筋混凝土工程					316465.79	
7	010501002001	带形基础	1.混凝土强度等级:C15 2.混凝土拌合料要求:非泵送商品混凝土 卵石	m³	20.08	308.41	6192.87	

续表

序号	编码	名称	项目特征描述	计量单位	工程量	综合单价	合价	暂估价
8	010501003001	独立基础	1.混凝土强度等级:C25 2.混凝土拌合料要求:泵送商品混凝土 卵石	m³	41.46	342.76	14210.83	
9	010502001001	矩形柱	1.混凝土强度等级:C25 2.混凝土拌合料要求:泵送商品混凝土 卵石	m³	38.02	401.78	15275.68	
10	010502002001	构造柱	1.混凝土强度等级:C25 2.混凝土拌合料要求:非泵送商品混凝土 卵石	m³	2.4	451.87	1084.49	
11	010503004002	圈梁	1.混凝土强度等级:C25 2.混凝土拌合料要求:泵送商品混凝土 卵石 3.地圈梁	m³	13.31	419.2	5579.55	
12	010503004001	圈梁	1.混凝土强度等级:C25 2.混凝土拌合料要求:泵送商品混凝土 卵石 3.圈梁压顶	m³	4.1	419.19	1718.68	
13	010503005001	过梁	1.混凝土强度等级:C15 2.混凝土拌合料要求:非泵送商品混凝土 卵石	m³	3.75	399.02	1496.33	
14	010503002001	矩形梁	1.混凝土强度等级:C25 2.混凝土拌合料要求:泵送商品混凝土 卵石	m³	86.35	348.39	30083.48	
15	010505003001	平板	1.混凝土强度等级:C25 2.混凝土拌合料要求:泵送商品混凝土 卵石	m³	11.8	359.11	4237.5	
16	010505001001	有梁板	1.混凝土强度等级:C25 2.混凝土拌合料要求:泵送商品混凝土 卵石	m³	115.7	350.77	40584.09	
17	010505008001	雨篷、悬挑板、阳台板	1.混凝土强度等级:C25 2.混凝土拌合料要求:非泵送商品混凝土 卵石	m³	24.87	436.2	10848.29	
18	010506001001	直形楼梯	1.混凝土强度等级:C25 2.混凝土拌合料要求:泵送商品混凝土 卵石	m²	25.83	112.41	2903.55	

序号	编码	名称	项目特征描述	计量单位	工程量	综合单价	合价	其中 暂估价
19	010507001001	散水、坡道	1. 散水 04J701 1/12 3. 混凝土强度等级:C15 4. 混凝土拌合料要求:非泵送商品混凝土 卵石	m²	91.58	44.35	4061.57	
20	010507001002	散水、坡道	1. 室外坡道 04J701 5/3 3. 混凝土强度等级:C15 4. 混凝土拌合料要求:非泵送商品混凝土 卵石	m²	31.32	51	1597.32	
21	010515001001	现浇构件钢筋	1. 钢筋种类、规格:10 以内 2. HPB300 一级钢	t	16.697	4485.82	74899.74	
22	010515001002	现浇构件钢筋	1. 钢筋种类、规格:18 以内 2. HRB335 二级钢	t	12.033	4769.4	57390.19	
23	010515001003	现浇构件钢筋	1. 钢筋种类、规格:18~25 2. HRB335 二级钢 3. 电渣压力焊	t	9.324	4479.54	41767.23	
24	010515001004	现浇构件钢筋	3. 电渣压力焊接头	t	480	5.28	2534.4	
	A.8	门窗工程					107276.71	
25	010801001001	木质门	1. 门类型:平开夹板门 2. 框截面尺寸、单扇面积:1500×3000 3. 防火漆 4. 五金安装	樘	26	1908.47	49620.22	
26	010802001001	金属(塑钢)门	1. 钢推拉门 2. M3 3600×4200	m²	30.24	224.06	6775.57	
27	010805005001	全玻自由门	1. 框材质、外围尺寸:玻璃地弹门 2. 扇材质、外围尺寸:2400×3000	m²	7.2	101.75	732.6	
28	010807001001	金属(塑钢、断桥)窗	1. 窗类型:塑钢推拉窗 2. 框材质、外围尺寸:矩形窗	m²	215.46	232.75	50148.32	
	A.9	屋面及防水工程					87477.37	
29	010902001001	屋面卷材防水	1. 卷材品种、规格:SBS 防水卷材 2. 防水层做法:满涂塑料油膏 3. 30 厚细石混凝土找平 4. 泡沫混凝土块保温层	m²	710.46	121.2	86107.75	

续表

| 序号 | 编码 | 名称 | 项目特征描述 | 计量单位 | 工程量 | 金额（元） | | 其中 |
						综合单价	合价	暂估价
30	010902004001	屋面排水管	1.排水管品种、规格、品牌、颜色:PVC排水管 2.直径110	m	68	16.89	1148.52	
31	010904003001	楼(地)面砂浆防水(防潮)	1.防水(潮)厚度、层数:一层 2.砂浆配合比:水泥砂浆1:2 3.外加剂材料种类:5％防水粉 4.25厚	m²	11	20.1	221.1	
	A.11	楼地面装饰工程					126945.11	
32	011102003001	块料楼地面	1.垫层材料:碎石 干铺 2.20厚1:2水泥砂浆 3.面层600×600地面砖	m²	1091.13	102.54	111884.47	
33	011102003002	块料楼地面	1.楼梯地面 2.20厚1:2水泥砂浆 3.花岗岩面 4.不锈钢扶手60 5.防滑条 铜嵌条4×6	m²	25.83	411.98	10641.44	
34	011105001001	水泥砂浆踢脚	1.踢脚高度:150 2.底层厚度、砂浆配合比:15厚1:3水泥砂浆 3.面层:地砖面层	m²	102.32	43.19	4419.2	
	A.12	墙、柱面装饰与隔断、幕墙工程					168908.06	
35	011201001001	墙面一般抹灰	1.墙体类型:外墙 2.底层厚度、砂浆配合比:20厚1:2.5防水水泥砂浆 3.装饰面材料种类:AC-97弹性涂料	m²	1647.45	49.33	81268.71	
36	011201001002	墙面一般抹灰	1.墙体类型:内墙 2.底层厚度、砂浆配合比:12厚1:3水泥砂浆 3.面层厚度、砂浆配合比:5厚1:2.5水泥砂浆 4.装饰面材料种类:D951仿瓷涂料两遍	m²	2393.21	36.62	87639.35	

续表

序号	编码	名称	项目特征描述	计量单位	工程量	金额(元)		
						综合单价	合价	其中暂估价
	A.13	天棚工程					43614.1	
37	011301001001	天棚抹灰	1.基层类型:混凝土 2.抹灰厚度、材料种类:6厚1:3:9水泥石灰膏砂浆 3.装饰线条道数:三道内 4.砂浆配合比:1:2	m²	1254.36	42.1	52808.56	
		技术措施项目					155385.84	
38	011701002001	外脚手架	1.外墙双排脚手架 钢管 2.檐高 15m 以内 3.建筑工程脚手架用于装饰工程	m²	978.63	14.58	14268.43	
39	011701003001	里脚手架	1.里脚手架 2.钢管架	m²	424.64	4.67	1983.07	
40	011701001001	综合脚手架	内墙面粉饰脚手架 钢管架	m²	803.42	3.05	2450.43	
41	011702001002	基础	1.带形基础 2.九夹板 木支撑	m²	66.21	38.05	2519.29	
42	011702001003	基础	1.独立基础 2.九夹板 木支撑	m²	85.55	39.37	3368.1	
43	011702001004	基础	1.基础垫层 2.木模板 木支撑	m²	25.26	32.52	821.46	
44	011702002001	矩形柱	九夹板 钢支撑	m²	345.94	46.18	15975.51	
45	011702003001	构造柱	木模板 木支撑	m²	70.17	34.78	2440.51	
46	011702008002	圈梁	1.地圈梁 2.九夹板 木支撑	m²	112.56	42.08	4736.52	
47	011702008001	圈梁	1.压顶梁 2.木模板 木支撑	m²	26.27	42.08	1105.44	
48	011702009001	过梁	木模板 木支撑	m²	47.11	56.26	2650.41	
49	011702014002	有梁板	1.九夹板 钢支撑 2.支撑高度 4.5m	m²	481.2	47.05	22640.46	
50	011702014001	有梁板	1.九夹板 钢支撑 2.支撑高度 3.6m 以内	m²	479.92	43.28	20770.94	
51	011702016001	矩形梁	1.九夹板 钢支撑 2.支撑高度 4.5m 以内	m²	359.3	43.75	15719.38	

续表

序号	编码	名称	项目特征描述	计量单位	工程量	金额(元)		其中
						综合单价	合价	暂估价
52	011702016002	矩形梁	1.九夹板 钢支撑 2.支撑高度 3.6m 以内	m²	354.98	39.96	14185	
53	011702016002	平板	1.九夹板 钢支撑 2.支撑高度 3.6m 以内	m²	51.12	45	2300.4	
54	011702016001	平板	1.九夹板 钢支撑 2.支撑高度 3.6m 以内	m²	47.16	41.24	1944.88	
55	011702023001	雨篷、悬挑板、阳台板	木模板 木支撑	m²	27.74	69.69	1933.2	
56	011702024001	楼梯	1.直形楼梯 2.木模板 木支撑	m²	25.85	108.06	2793.35	
57	011703001001	垂直运输	1.卷扬机垂直运输 20m 以内 2.土建工程	m²	1108.1	12.92	14316.65	
58	011703001002	垂直运输	1.人工垂直运输 2 层 2.装饰工程	项	1	6462.41	6462.41	
		合　计					1159436.37	

注:为记取规费等的使用,可在表中增设其中"定额人工费"。

总价措施项目清单与计价表

工程名称:总装工房项目　　　　　标段:总装工房项目　　　　　第 1 页 共 1 页

序号	项目编码	项目名称	计算基础	费率(%)	金额(元)	调整费率(%)	调整后金额(元)	备注
1	1	安全文明施工费			42843.2			
2	1.1	安全文明环保费(环境保护、文明施工、安全施工费)	定额人工费＋技术措施项目定额人工费－估价项目定额人工费	9.43	29993.42			
3	1.2	临时设施费	定额人工费＋技术措施项目定额人工费－估价项目定额人工费	4.04	12849.78			
4	2	其他总价措施费	定额人工费＋技术措施项目定额人工费－估价项目定额人工费	4.16	13231.45			
	合　　计				37984.82			

编制人(造价人员):　　　　　　　　　　　　　　　　复核人(造价工程师):

注:1."计算基础"中安全文明施工费可为"定额基价""定额人工费"或"定额人工费＋定额机械费",其他项目可为"定额人工费"或
　　"定额人工费＋定额机械费"。

　　2.按施工方案计算的措施费,若无"计算基础"和"费率"的数值,也可只填"金额"数值,但应在备注栏说明施工方案出处或计算
　　方法。

其他项目清单与计价汇总表

工程名称:总装工房项目　　　　　标段:总装工房项目　　　　　第1页 共1页

序号	项目名称	金额(元)	结算金额(元)	备注
1	暂列金额			
2	暂估价	50000		
2.1	材料(工程设备)暂估价	—		
2.2	专业工程暂估价	50000		
3	计日工			
4	总承包服务费			
5	索赔与现场签证			
6	其他			
	合　计	50000		—

注:材料(工程设备)暂估单价进入清单项目综合单价,此处不汇总。

专业工程暂估价及结算价表

工程名称:总装工房项目　　　　　　　　标段:总装工房项目　　　　　　　　第 1 页 共 1 页

序号	工程名称	工程内容	暂估金额(元)	结算金额(元)	差额±(元)	备注
1	水电安装工程		50000			
合　计			50000			—

注:此表由招标人填写,投标人应将上述专业工程暂估价计入投标总价中。

规费、税金项目计价表

工程名称:总装工房项目　　　　　标段:总装工房项目　　　　　第 1 页 共 1 页

序号	项目名称	计算基础	计算基数	计算费率(%)	金额(元)
1	规费				58942.1
1.1	社会保险费	定额人工费＋定额机械费	355072.91	13.11	46550.06
1.2	住房公积金	定额人工费＋定额机械费	355072.91	3.32	11788.42
1.3	工程排污费	定额人工费＋定额机械费	355072.91	0.17	603.62
2	税金	分部分项＋措施项目＋其他项目＋规费	1324453.12	11	145689.84

编制人(造价人员):　　　　　　　　　　　　　　　复核人(造价工程师):

主要材料及价差汇总表

工程名称:总装工房项目　　　　　　标段:总装工房项目　　　　　　第 1 页 共 1 页

序号	定额编号	名称	单位	数量	定额价（元）	市场价（元）	价格差（元）	合价（元）
1	01010165	钢筋（综合）	kg	21.854	3.23	4	0.77	16.83
2	01010211	钢筋 HRB400 以内 ϕ12～18	kg	12333.825	3.07	3.75	0.68	8387
3	01010212	钢筋 HRB400 以内 ϕ20～25	kg	9557.1	3.07	3.74	0.67	6403.26
4	BC1508	中砂	m³	221.047	63.08	77.67	14.59	3225.07
5	CY	柴油	kg	181.681	5.53	6.54	1.01	183.5

建 筑 设

一般规定

一、工程概况

1.建设地址

本工程为江西省国防工办六二零单位总装工房
多层框架结构，生产危险性等级为丁类。

2.设计依据

（1）政府主管部门对本工程建设的批准文号和主要精神。

（2）经政府主管部门审查批准和经建设单位审查同意的最后方案。

（3）建设单位提供的建设场地测量图和工程地质勘测报告。

（4）主管部门和建设单位对本工程设计的特殊要求。

（5）国家颁布现行的有关设计规范、规程和规定。

3.技术经济指标

占地面积：702.56m² 　总建筑面积：1108.10m²

层数：二层　　　　　建筑分类：车间

耐火等级：二级　　　建筑高度：7.950m

二、总平面布置

本子项总平面布置位置另详总图。

三、建筑施工质量的要求

本工程必须遵照国家颁布现行的建筑施工安装及验收规范和有关
规定进行施工，确保建筑施工质量。

四、对建筑材料的选用

本工程所采用的建筑材料必须是符合国家有关部门分析检测合
格的产品，所有防火材料和构配件必须提供析验报告，并需经过省、市
消防部门审定为合格者方可采用本工程的主要装修材料和构配件的
饰面材料应事先做出样品，经设计师会同建设单位研究决定后再行施工。

五、图纸会审

本工程在施工前施工单位和建设单位必须对各专业施工图进行联合会审，
如发现问题应按照设计单位提交的修改通知书进行施工。

六、预留、预埋

施工中凡与设备专业有关的部位，必须按设备专业施工图要求做好留
洞沟井和预埋，预留工作，不得在施工完后随意开槽打洞，影响工程质量，
土建图与设备专业图纸有矛盾时应事先与我院有关设计人员联系，取得一致
后方可施工。

七、选用标准图和尺寸单位

本工程建筑施工图除图中特殊标明外所选用的大样均为省编和华东
协编建筑标准设计图集构造号。图中尺寸除特殊标明外，标高以米为单位，
其他尺寸均以毫米为单位。

八、开工及使用前的审查

本工程在开工前和建成投入使用前都必须得到当地消防主管部门审查批准。

九、其他

当建筑设计说明与施工详图有矛盾时，应以说明为准当未经设计单位
和职业建筑师同意，自行修改设计并施工后产生不良后果时，由决定修
改人承担全部责任。

工程做法

一、屋面工程

1. 屋面：采用有组织排水，屋面做法详建施3，屋面防水等级为Ⅲ级。

2. 屋面泛水详建施3。

3. 本工程屋面采用ø100PVC水落管。

二、墙体工程

1. 本工程建筑墙体±0.000以下采用MU10烧结多孔砖，M 5.0水泥砂浆砌筑，
±0.000以上采用MU10烧结多孔砖，M5混合砂浆砌筑。墙体厚度除注明外，
均采用240厚。除注明外，轴线均以墙中定位，均为明口梁均为120。

2. 本工程墙体所有的砌块和砂浆标号墙体中钢筋混凝土承重柱
和构造柱墙体门窗洞口和预留洞口的过梁，墙体与混凝土柱
拉接屋面砖砌山花的钢筋混凝土墙柱，砖砌女儿墙中钢筋混
凝土立柱等构造做法均详见结施图建施图仅作示意。

3. 本工程墙体在相对室内-0.06m标高处用25厚掺5%防水粉的
1：2水泥砂浆做水平防潮层。

4. 所有墙体门洞阳角均用20厚1：2水泥砂浆粉刷做高1500，每边宽
50，半径25的隐形护角。

三、楼地面工程

1. 本工程楼地面标高均指建筑标高(若按毛坯房设计时，此标高为
结构标高)。

2. 在施工钢筋混凝土楼面时，必须按照水施电施设计图事先预理和预留
沟槽洞孔，不得事后随意开槽打洞。

四、装修工程

1. 外墙：所有外墙均采用20厚1：2.5防水水泥砂浆粉底，外墙打底后应刷封底
涂料增强黏结力，再刷两遍罩面涂料(色彩详立面图)。
所有外饰经设计人员认可后先做试块，再大面积施工。

2. 内部装修：

地面：做法详赣01J301-27/14

内墙：做法详赣02J802-7ₐ/28

天棚：做法详赣02J802-1ᵦ/53

踢脚板：做法详赣01J301-1/63

3. 本工程室内装修必须按《建筑内部装修设计防火规范》(GB 50222—1995)
有关规定进行设计装修和施工，应采用难燃和不燃材料，严禁采用燃烧
时产生毒气的装修材料，至少数部位不得不采用可燃材料装修时也必须
采用经过阻燃处理的装饰材料，严禁直接采用易燃可燃材料进行装修，
杜绝火灾隐患。

计 说 明

五、门窗工程

1. 本工程所采用的门窗种类、编号、名称型号及洞口尺寸、数量等均详见本设计中的门窗一览表。
2. 本工程的所有木夹板门、塑钢门、防火门必须按照门窗表中所选用的门窗图集的有关要求进行制作运输和安装、确保门窗质量。
3. 本工程中所选的防火门除按相关图集要求安装外、其成品必须得到消防主管部门检查合格的许可，达不到相应防火标准的产品严禁在本工程中使用
4. 本工程中门窗的强度、抗风性、水密性、气密性、平整度等技术要求均应达到国家有关规定，平开门的安装位置平开启方向、墙边立樘。
5. 外窗用白塑钢无色玻璃窗，其中外窗保温性能不低于建筑外窗保护性能分级的V级水平，外窗空气渗透性能不低于Ⅲ级水平。

六、油漆

1. 除特殊说明外本工程木夹板门，楼梯间硬木扶手等木构件均刷浅黄色(或浅栗壳色)树脂漆两道。
2. 本工程所有木构件与砖墙及混凝土梁柱接触处、均刷防腐漆一度防腐。
3. 本工程埋入砖墙和混凝土中的构件均刷防锈漆一度防锈，所有配电箱，消火栓及所有外露铁件除特殊说明外均用防锈漆打扫一度，表面刷调和漆二度,颜色宜为白色,浅黄色,浅绿色,尽量与环境色协调。

七、安全措施

1. 本工程所有楼梯栏杆和平台栏杆其净高不得小于1050。
2. 本工程防雷接地措施详见电施图。
3. 本工程中所有栏杆的竖杆空隙不得大于110,而且不能有可供少儿爬路的水平分隔,以免造成伤亡事故。
4. 本工程中为保证不锈钢栏杆的强度,其不锈钢壁厚不得小于3mm。
5. 本工程中所有室内外二次装修工程均不得随意改变和破坏原有的承重结构

八、室外构配件

1. 本工程中室外散水为900宽混凝土散水,做法详赣04J701-1/12。
2. 本工程中斜披做法详赣 04J701-1/5。
3. 外墙装修时干挂的门窗套、线角装饰柱和其他装饰构件,均必须与墙体有牢固连接，以免下落伤人。
4. 散水、坡道、台阶等与主体建筑之间设20宽变形缝，缝底填沥青麻丝，20厚PVC油膏嵌缝。
5. 室外工程须待主体建筑及室外管线施工完成后进行。

图 纸 目 录

门窗表

类型	编号	洞口尺寸	图集代号	图集编号	数量	备 注
门	M1	2400×3000			1	落地弹簧玻璃门,甲方自定做
	M2	1500×3000	98J741	PJM_{2a}-1530	4	平开夹板门
	M3	3600×4200			2	钢推拉门,甲方自定做
	M4	900×2100	98J741	PJM_{2a}-0921	20	平开夹板门
窗	C1	3600×2100	赣98J606	CST-3621	25	塑钢推拉窗
	C2	1200×2100	赣98J606	CST-1221	5	塑钢推拉窗
	C3	1500×2100	赣98J606	CST-1521	2	塑钢推拉窗

建设单位				
工程名称	总装工房			
院　长		审　核		图纸名称	设计说明 图纸目录 门窗表	阶段 施工
总设计师		校　对				图别 建筑
项目负责人		设　计				图号 1/3
专业负责人		注册师				比例 1:100
						日期

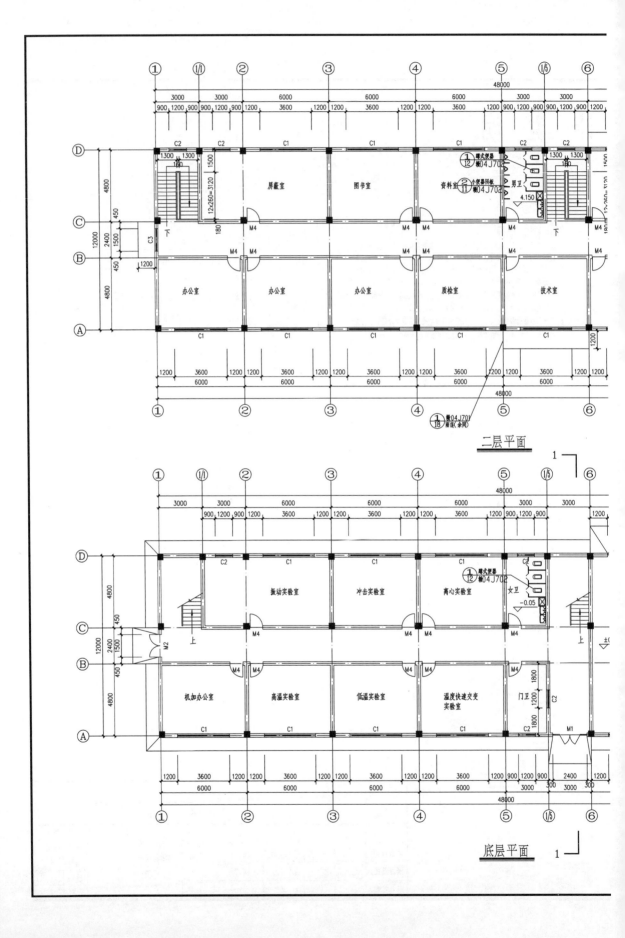

二层平面

底层平面

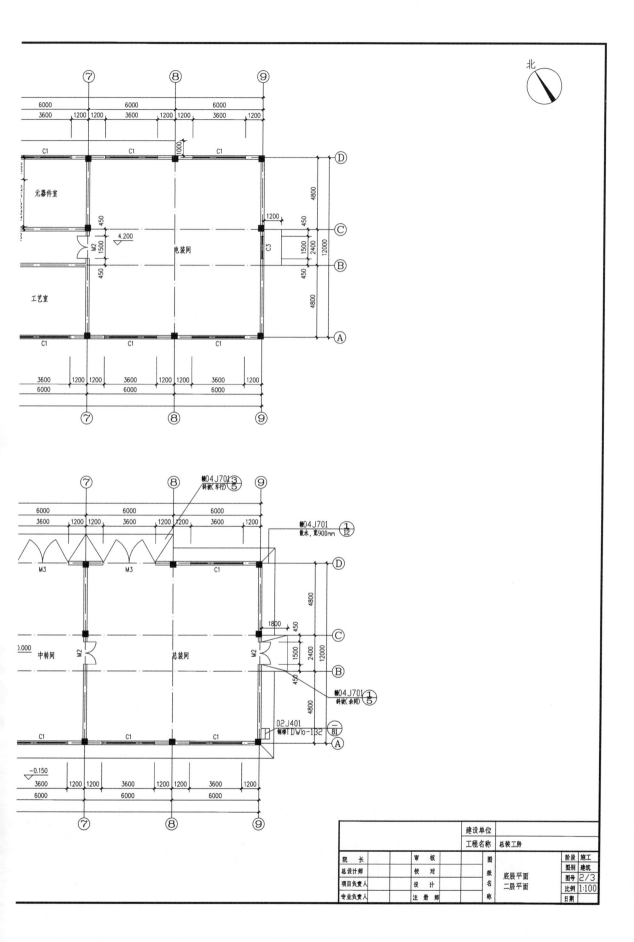

北

元器件室

C1 C1 C1

电装间

M2 1500 ▽ 4.200

工艺室

C1 C1 C1

C3

1200 450
1500 2400 12000
450 4800

6000 6000 6000
3600 1200 1200 3600 1200 1200 3600 1200

⑦ ⑧ ⑨

04J701 ③
斜坡(丰狩) ⑤

04J701 ①
散水,宽900mm ⑫

M3 M3 C1

中转间 M2 总装间 M2

C1 C1 C1

▽ -0.150

04J701 ①
斜坡(余同) ⑤

02J401 ―
钢梯TDWb-132 ⑧1

1800 450
1500 2400 12000
450 4800

6000 6000 6000
3600 1200 1200 3600 1200 1200 3600 1200

⑦ ⑧ ⑨

建设单位				
工程名称	总装工房			
院 长		审 核		图
总设计师		校 对		纸
项目负责人		设 计		名
专业负责人		注 册 师		称

底层平面
二层平面

阶段 施工
图别 建筑
图号 2/3
比例 1:100
日期

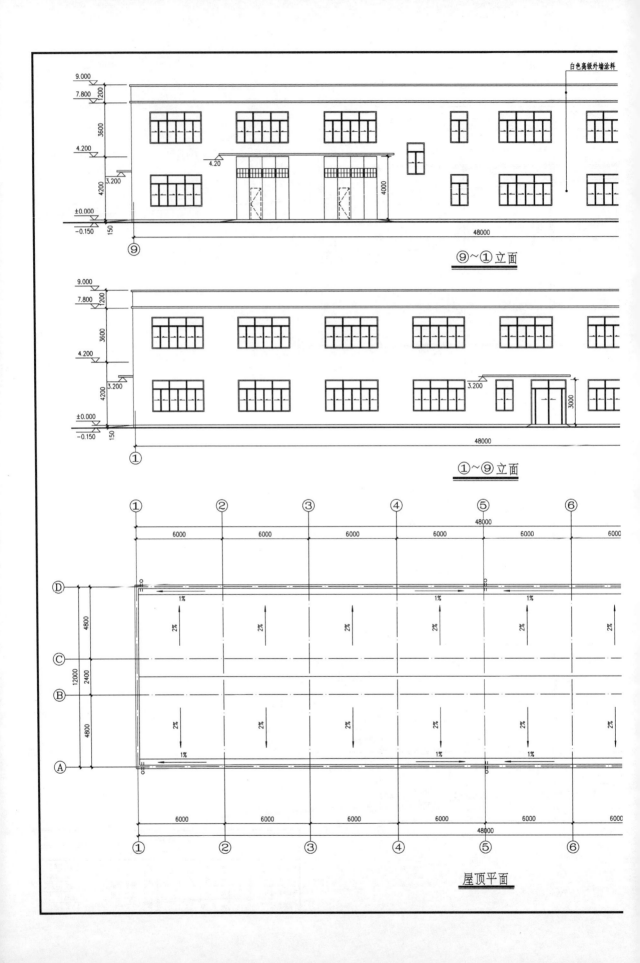

白色高级外墙涂料

9.000
7.800
4.200
±0.000
−0.150

48000

⑨~① 立面

9.000
7.800
4.200
±0.000
−0.150

48000

①~⑨ 立面

屋顶平面

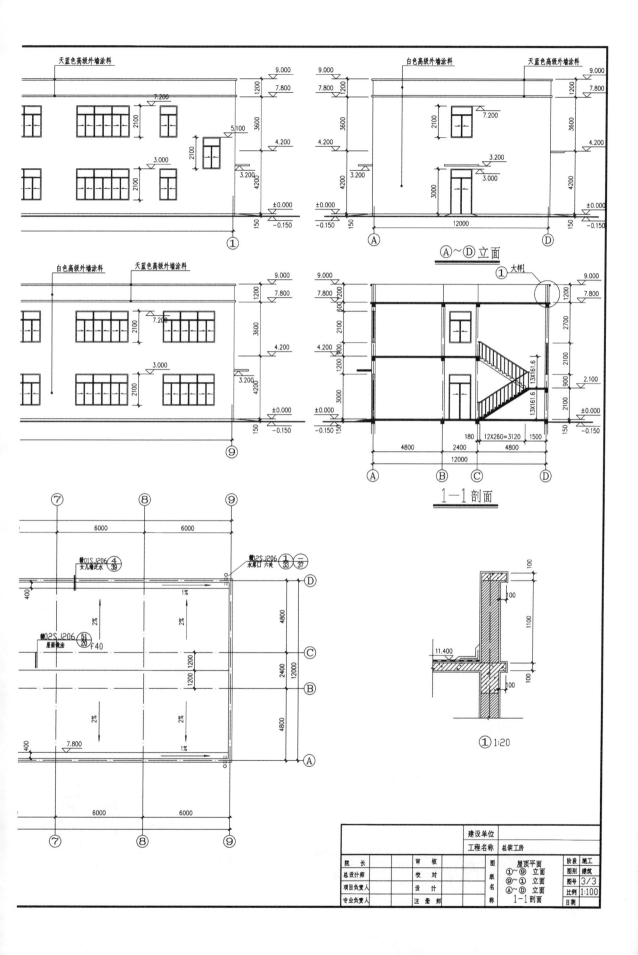

天蓝色高级外墙涂料

9.000
7.800
7.200
5.100
4.200
3.200
3.000
±0.000
-0.150

①

白色高级外墙涂料   天蓝色高级外墙涂料

9.000
7.800
7.200
4.200
3.200
3.000
±0.000
-0.150

Ⓐ   12000   Ⓓ

Ⓐ～Ⓓ立面

白色高级外墙涂料   天蓝色高级外墙涂料

9.000
7.800
7.200
4.200
3.200
3.000
±0.000
-0.150

⑨

大样
①

9.000
7.800
7.200
4.200
3.000
±0.000
-0.150

13×161.6   13×161.6

180   12×260=3120   1500

4800   2400   4800
12000

Ⓐ   Ⓑ   Ⓒ   Ⓓ

1—1剖面

⑦   ⑧   ⑨

6000   6000

湘01SJ206 ④/39
女儿墙泛水

湘02SJ206 ①/33 一/37
水落口 六线

湘02SJ206 51/20
屋面做法

1%
2%   2%
7.800
2%   2%
1%

400
4800
1200 1200
2400
12000
4800
400

Ⓓ
Ⓒ
Ⓑ
Ⓐ

6000   6000

⑦   ⑧   ⑨

屋顶平面

11.400

100
100
1100
100

① 1:20

建设单位					
工程名称 总装工房					
院　长		审　核		图纸名称	屋顶平面 ①～⑨ 立面 ⑨～① 立面 Ⓐ～Ⓓ 立面 1—1剖面	阶段 施工
总设计师		校　对				图别 建筑
项目负责人		设　计				图号 3/3
专业负责人		注册师				比例 1:100
						日期

结 构 设 计

一、一般说明

1. 本工程名称为 江西省国防办工办六二零单位总装工场，
结构形式为二层框架结构。
本工程结构安全等级为二级，设计合理使用年限为50年。
2. 基本风压标准值： 0.45 kN/m²；基本雪压标准值0.45 kN/m²。
3. 全部尺寸单位除注明外，均以毫米(mm)为单位，标高则以米(m)为单位。本工程所注标高均为结构标高。
4. 本工程砌体施工质量控制等级为B级。
5. 本工程应遵守现行国家标准及有关工程施工及验收规范、规程施工。

二、设计依据

（一）本施工图依据经业主认可的方案及有关批文进行设计。
（二）选用规范，技术标准及计算软件。
1. 《混凝土结构设计规范》 GB 50010—2010（2015版）
2. 《建筑结构荷载规范》 GB 50009—2012
3. 《建筑抗震设计规范》 GB 50011—2010（2016版）
4. 《建筑地基基础设计规范》 GB 50007—2011
5. 《砌体结构设计规范》 GB 50003—2011
6. 《混凝土结构施工图平面整体表示方法制图规则和构造详图》16G101—1
7. 《多孔砖砌体结构设计规范》 JGJ 137—2001
8. 《建筑桩基技术规范》 JGJ 94—2008
9. 建设单位提供的《江西国防科技园岩土工程勘察报告》
10. 中国建筑科学研究院PKPMCAD工程部设计软件PKPM

三、抗震设计：

1. 本工程按6度抗震设防设计，丙类建筑，场地类别为II类。
2. 根据《建筑抗震设计规范》GB 50011—2010第5.1.6一条规定，该工程不进行截面抗震验算，但应符合6度抗震设防的有关抗震措施要求，抗震等级四级。

四、楼面活荷载标准值取用

标准层： 2.5kN/m²；
屋面活荷载标准值：不上人屋面为0.5kN/m²，上人屋面为2.0kN/m²；
装修荷载：不大于1.0kN/m²。

五、地基基础

本工程基础采用天然基础，依据建设单位提供的《江西国防科技园岩土工程勘察报告》进行设计，持力层为粉质黏土层，承载力特征值 $f_{ak}=200kPa$，其他施工要求详见施二—2。

六、钢筋混凝土结构部分：

1. 结构构件纵向受力钢筋保护层厚度（已注明者除外）

结构部位或层别	标 高	混凝土强度等级	混凝土保护层厚度(mm)
基础、基础梁		C25	40
基础垫层		C15	
上部梁、板、柱		C25	梁30；柱30；墙、板20

普通钢筋强度设计值：HPB 300（Q235） Φ: f_y=270N/mm²
HRB 335（20MnSi） Φ: f_y=300N/mm²
HRB 400（20MnSiV、20MnSiNb、20MnTi）Φ: f_y=360N/mm²

2. 构件开洞及补强：
（1）管线穿过楼板预留孔洞，当洞 <300X300或直径<300mm时，板的受力钢筋绕过洞边不得切断，当800×800>洞≥300×300或800>直径≥300时，按本图一进行加强补强。
（2）孔洞及轻质隔墙下板内加强筋应放置在板底。
（3）楼板洞安装管道必须用比楼板高一标号混凝土堵实。
3. 建筑物外沿阳角的楼（屋面）板及楼梯，其板面应设置板面主筋间距150的45°附加构造筋，详图二。
跨度大于4m的板，要求板跨中起拱 $L/400$。
板分布筋，除结构图中注明外，均为Φ6@200。
4. 钢筋混凝土圈梁详平面图，配筋详大样，纵筋搭接长度为39d，在转角丁字交叉处加设连接钢筋 详见图三。

当圈梁被门窗洞口截断时，应在洞口上部增设相同截面的附加圈梁。附加圈梁与圈梁的搭接长度不应小于其中到中垂直间距的两倍，且不得小于1m。

七、砌体部分：

1. 所有墙体未注明均为多空黏土砖，砖标号均为MU10，砂浆标号为：±0.000以下采用M5.0水泥砂浆，厚240。±0.000以上采用M5混合砂浆眠砌，并用水泥砂浆灌孔。
2. 钢筋混凝土构造柱（GZX）位置详见结构平面图构造柱须先砌墙后浇注，砌墙时应砌成马牙槎，详见图四。砌墙时沿墙高每隔500设2Φ6钢筋埋入墙内1000并与柱连接。若墙长不满足上述长度时，则伸入长度等于墙垛长，且末端弯直钩。构造柱上下两端700mm范围内箍筋加密间距为100mm。构造柱可不单独设基础，但应伸入室外地面下 500mm，或与埋深小于500mm的基础梁相连。构造柱形式及配筋见下表：

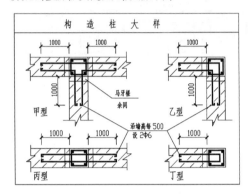

构 造 柱 大 样

甲型　乙型　丙型　丁型

3. 内外墙交接未设构造柱处，沿墙高每隔500在灰缝内配2Φ6钢筋，每边伸入墙内1000，详见图五。
4. 填充墙墙高大于4m，需在墙体半高处设置与柱连接且沿墙全长贯通的钢筋混凝土水平系梁，该水平系梁宽 同填充墙厚，梁高为120mm，梁顶纵筋2Φ12，梁底纵筋2Φ12，梁箍筋Φ6@200。此梁纵筋应锚入与之垂直的钢筋混凝土墙体或两端的混凝土柱内。
5. 当填充墙的水平长度大于5m，中间以及独立墙端加设构造柱GZ，构造柱位置详有关建施、结施布置图，其柱顶、柱脚应在主体结构中预埋4Φ12（伸出主体结构面500）。构造柱施工时需先砌墙后浇柱，柱的混凝土强度等级为C20，截面最小尺寸一般采用240×墙厚，竖筋用4Φ12，箍筋用Φ6@200，墙与柱的拉结筋应在砌墙时沿墙高每隔500预埋2Φ6，伸入墙内不宜小于1000（且不应小于墙长的1/5），若墙垛不满足上述长度时，则伸入长度等于墙垛长，且末端弯直钩。
6. 当洞顶圈梁底小于钢筋混凝土楼层过梁高度时，过梁与圈梁浇成整体，如图七。其余门窗洞顶除注明外，均采用钢筋混凝土过梁。
   a. 当洞宽小于1200时，则用钢筋砖过梁，梁底放3Φ8，伸入支座长度大于370并弯直钩，用1:3水泥砂浆做保护层，厚30，拱高取洞宽的1/4，用M10混合砂浆砌筑。
   b. 洞宽为1200~1500时，用钢筋混凝土过梁，梁宽与墙厚同，梁高用120，底筋2Φ12，架立筋2Φ10，箍筋Φ6@200，梁的支座长度为240。

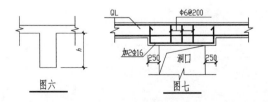

图六　图七

总　说　明

c. 门窗洞宽3000>*L*>1500者按赣99G791-GLXX-3-2施工,

d. 当洞边为混凝土柱时,须在过梁标高处的柱内预埋过梁钢筋,待施工过时,再将过梁底筋及架立筋与之焊接。

八、6度地区砖房构造柱设置要求(除图中注明外)

房屋层数	设　置　部　位
四、五	外墙四角,隔15m或单元横墙与外纵墙交接处;
六、七	隔层部位横墙与外纵墙交接处,大房间内外墙交接处,较大洞口两侧;	隔开间横墙(轴线)与外墙交接处,山墙与内纵墙交接处;
八		内墙(轴线)与外墙交接处,内墙的局部较小墙垛处;

注:1. 大房间指开间大于4.8m的房间;
　　2. 较大洞口指洞口宽度≥50%开间宽度。

九、其他

1. 沉降观测
　　本工程应对建筑物在施工及使用过程中的沉降进行观测并加以记录,沉降观测点沿建筑物周边布置,间距20~30m.若发现沉降异常请及时与设计单位联系。

2. 本图应配合建筑、水、电等专业图纸施工,设备管线需在楼板开洞或设预埋件时,应严格按施工图要求设置。在浇灌混凝土之前须经检查符合设计要求后方可施工,孔洞不得后凿。图中未注明的细部尺寸详见其他专业施工图。

3. 未经技术鉴定或设计许可,不得改变结构的用途和使用环境。

4. 本图中除注明外,梁腹板高*h*≥450(见图六)的梁两侧沿高度配置纵向构造钢筋,间距不大于200,详16 G101—1,根数详相应梁配筋。

5. 凡本图未尽事宜请及时与设计单位联系。

6. 请严格按国家有关现行规范执行。

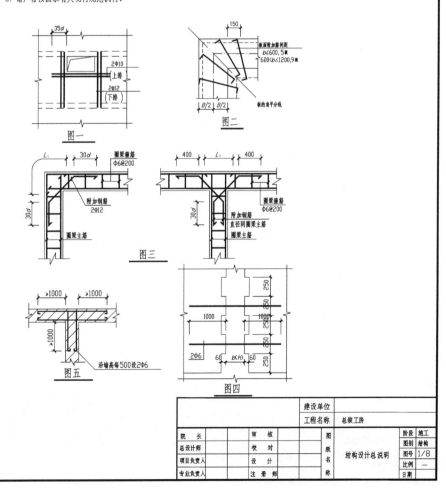

图一

图二

图三

图五

图四

建设单位			
工程名称	总装工房		
院　长		审　核	
总设计师		校　对	
项目负责人		设　计	
专业负责人		注册师	

图纸名称	结构设计总说明

阶段	施工
图别	结构
图号	1/8
比例	一
日期	

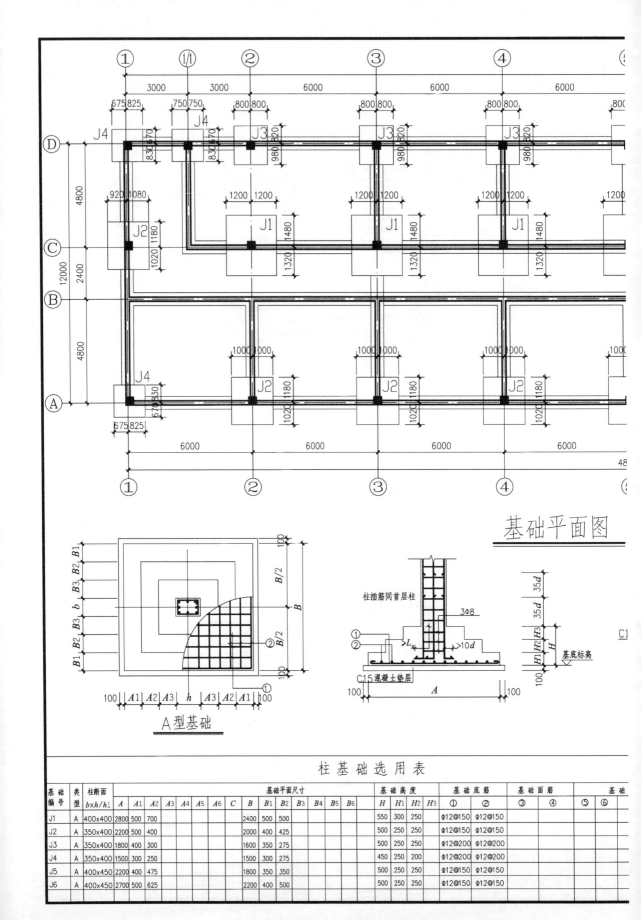

基础平面图

A型基础

柱基础选用表

基础编号	类型	柱断面 $b×h/h_1$	基础平面尺寸																	基础高度				基础底筋		基础面筋		基础	
			A	$A1$	$A2$	$A3$	$A4$	$A5$	$A6$	C	B	$B1$	$B2$	$B3$	$B4$	$B5$	$B6$	H	$H1$	$H2$	$H3$	①	②	③	④	⑤	⑥
J1	A	400×400	2800	500	700						2400	500	500					550	300	250		Φ12@150	Φ12@150				
J2	A	350×400	2200	500	400						2000	400	425					500	250	250		Φ12@150	Φ12@150				
J3	A	350×400	1800	400	300						1600	350	275					500	250	250		Φ12@200	Φ12@200				
J4	A	350×400	1500	300	250						1500	300	275					450	250	200		Φ12@200	Φ12@200				
J5	A	400×450	2200	400	475						1800	350	350					500	250	250		Φ12@150	Φ12@150				
J6	A	400×450	2700	500	625						2200	400	500					500	250	250		Φ12@150	Φ12@150				

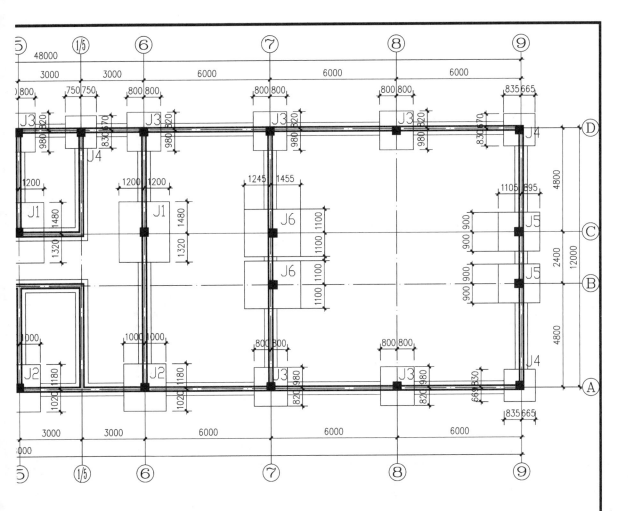

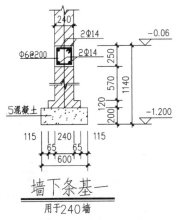

墙下条基一

用于240墙

注:

1. 本工程采用天然地基,基础持力层为粉质黏土层,承载力特征值为200kPa,基础底面进入持力层不少于200。

2. 基础施工时,若发现实际地质情况与设计不符,请及时通知设计院协商解决。

3. 混凝土强度等级:基础C25(筏板基础C30),垫层C15.垫层宽出基础每边各100mm。

   钢筋:Φ表示HPB300级钢筋,Φ表示HRB335级螺纹钢筋。

   当采用HPB300级钢筋时,钢筋两端应加弯钩。

4. 基础的平面位置及与轴线的关系见基础平面布置图。

5. 当基础底边长度A或B大于2.5m时,该方向的钢筋长度可缩短10%,并交错放置
   与柱h方向平行的基础底板钢筋 放在下层。

6. 基础开挖后须尽快浇筑垫层,以免雨水及其他生活用水泡软地基。

7. 除本图说明外,预留柱截面类型、尺寸、柱插筋同底层柱,详见柱施工图。

梁 配 筋			基底标高
⑦	⑧	⑨	
			-1.200
			-1.200
			-1.200
			-1.200
			-1.200
			-1.200
			-1.200

建设单位						
工程名称		总装工房			阶段	施工
院　　长		审　核		图	图别	结构
总设计师		校　对		纸	基础平面图	图号 2/8
项目负责人		设　计		名		比例 一
专业负责人		注　册师		称		日期

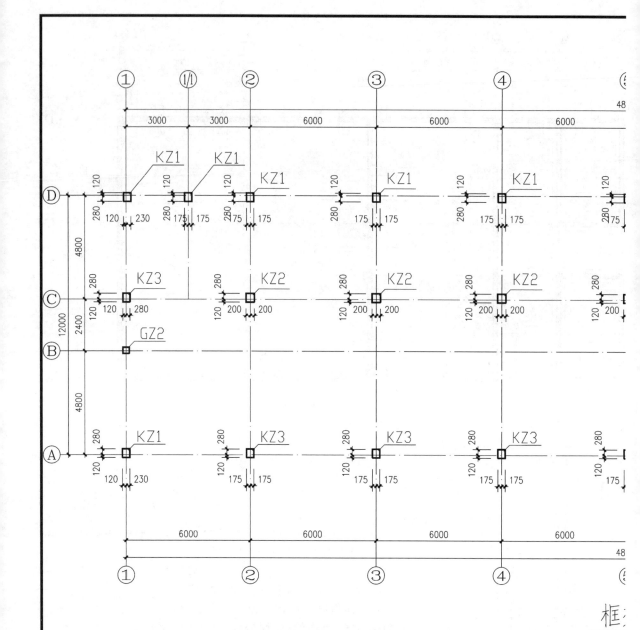

柱 表

柱 号	标 高	$b \times h$	角 筋	b侧中部筋	h侧中部筋	箍筋类型号	箍 筋	备 注
KZ1	基础顶~7.80	350X400	4Φ18	1Φ16	1Φ16	5	Φ8@100/200	
KZ2	基础顶~7.80	400X400	4Φ20	1Φ18	1Φ18	5	Φ8@100/200	
KZ3	基础顶~7.80	400X400	4Φ20	1Φ20	1Φ16	5	Φ8@100/200	
KZ4	基础顶~7.80	450X400	4Φ22	1Φ22	1Φ18	5	Φ8@100/200	
GZ1	7.80~9.00	250X250	4Φ12			3	Φ8@100/200	
GZ2	基础顶~7.80	250X250	4Φ14			3	Φ8@100/200	

说明: 柱纵筋搭接区箍筋加密为100

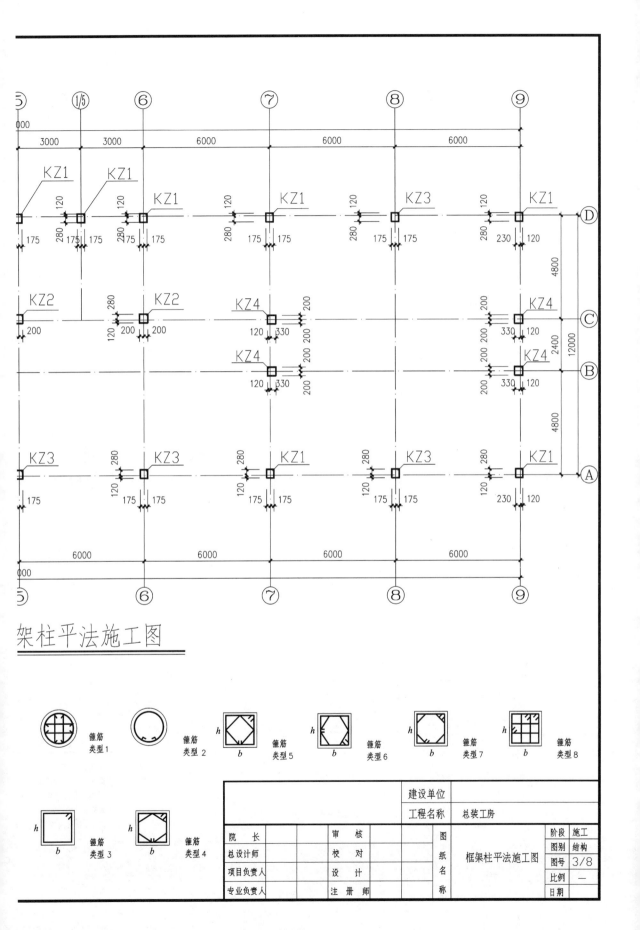

架柱平法施工图

			建设单位				
			工程名称	总装工房			
院　长		审　核		图		阶段	施工
总设计师		校　对		纸	框架柱平法施工图	图别	结构
项目负责人		设　计		名		图号	3/8
专业负责人		注　册　师		称		比例	一
						日期	

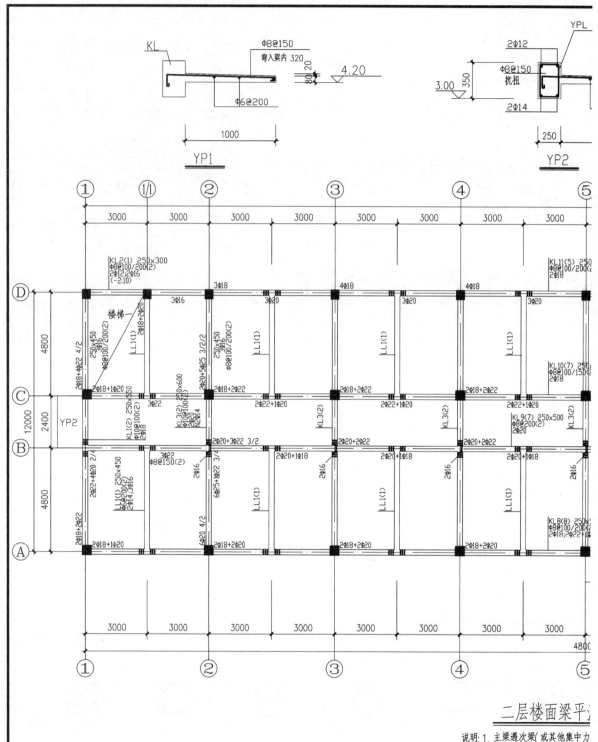

KL

Φ8@150
弯入梁内 320

Φ6@200

4.20

80/20

1000

YP1

YPL

2Φ12

Φ8@150
抗扭

3.00   350

2Φ14

250

YP2

① 1/1 ② ③ ④ ⑤

3000 3000 3000 3000 3000 3000 3000 3000

Ⓓ

KL2(1) 250×300
Φ8@100/200(2)
2Φ12;2Φ16
(-2.10)

3Φ18   4Φ18   4Φ18

3Φ16   3Φ20   3Φ20   3Φ20

楼梯一

250×450
Φ8@100/200(2)

LL1(1)   2Φ18+2Φ20   2Φ20+5Φ25 3/2/2
250×450
Φ8@100/200(2)

LL1(1)   LL1(1)   LL1(1)

KL11(5) 250
Φ8@100/200(2)
2Φ18

KL10(7) 250
Φ8@100/150(2)
2Φ18

Ⓒ

2Φ18+4Φ22 4/2   2Φ18+1Φ20   2Φ18+2Φ22   2Φ18+2Φ22   2Φ18+2Φ22   2Φ18+2Φ22

KL1(2) 250×600
Φ10@100(2)
2Φ18   3Φ22   2Φ22+1Φ20   2Φ22+1Φ20   2Φ22+1Φ20

YP2

KL1(2) 250×550
Φ10@100(2)
2Φ18

KL3(2) 250×500
2Φ20
N2Φ14   KL3(2)   KL3(2)   KL9(7) 250×500
Φ8@100/200(2)
2Φ20

KL3(2)

Ⓑ

2Φ22+4Φ20 2/4   2Φ20+3Φ22 3/2   2Φ20+2Φ22   2Φ20+2Φ22   2Φ20+2Φ22

LL1(1) 250×450
Φ6@200(2)
2Φ14;3Φ16   3Φ22
Φ8@150(2)   2Φ16   6Φ25+1Φ22 3/4   2Φ20+1Φ18   2Φ16   2Φ20+1Φ18   2Φ16   2Φ20+1Φ18   2Φ16

LL1(1)   LL1(1)   LL1(1)

KL8(8) 250
Φ8@100/200(2)
2Φ18;2Φ22+1

Ⓐ

2Φ18+2Φ22   2Φ18+1Φ20   6Φ20 4/2   2Φ18+2Φ20   2Φ18+2Φ22   2Φ18+2Φ20

① ② ③ ④ ⑤

3000 3000 3000 3000 3000 3000 3000

4800

4800 2400 4800

12000

二层楼面梁平

说明: 1. 主梁遇次梁(或其他集中力
次梁两侧各设3Φd@50附
箍筋的直径及肢数同梁箍前
2. 梁抗震等级为四级。
3. 未注明梁顶标高为4.20。

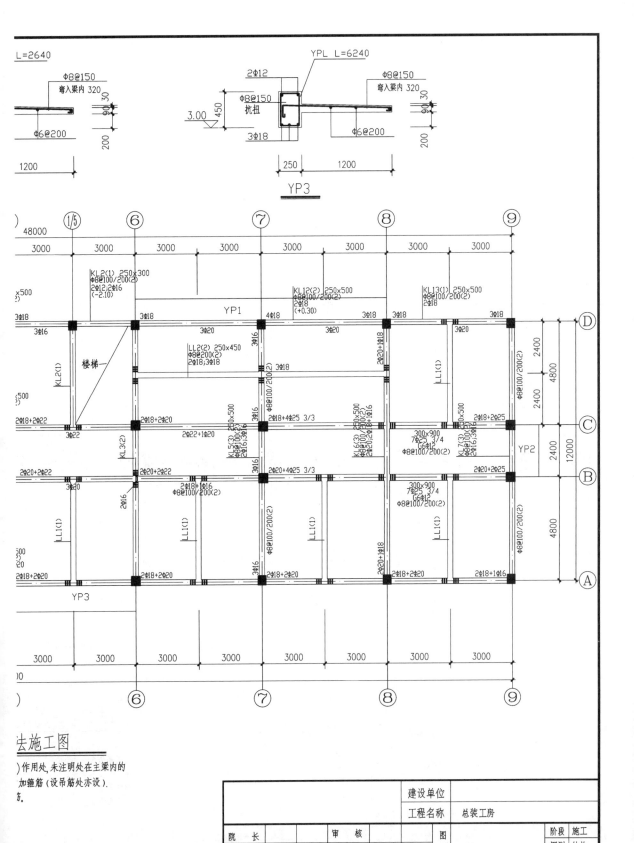

L=2640

Φ8@150
弯入梁内 320
90 30
Φ6@200
200
1200

YPL L=6240

2Φ12
3.00 450
Φ8@150
抗扭
3Φ18
250 1200

Φ8@150
弯入梁内 320
90 30
Φ6@200
200

YP3

48000

| 1/5 | 6 | 7 | 8 | 9 |

3000 3000 3000 3000 3000 3000 3000 3000

KL2(1) 250×300
Φ8@100/200(2)
2Φ12,2Φ16
(-2.10)

KL12(2) 250×500
Φ8@100/200(2)
2Φ18
(+0.30)

KL13(1) 250×500
Φ8@100/200(2)
2Φ18

3Φ18 YP1 4Φ18 3Φ18 3Φ18 3Φ18 D
3Φ16 3Φ20 3Φ16 3Φ20 3Φ20

楼梯一 LL2(2) 250×450 3Φ18
Φ8@200(2)
2Φ18;3Φ18

KL2(1) 2Φ20+1Φ18 LL1(1) Φ8@100/200(2)

2Φ18+2Φ22 2Φ18+2Φ20 KL5(2) 250×500 2Φ18+4Φ25 3/3 KL6(3) 250×500 300×900 2Φ18+2Φ25 C
3Φ22 Φ8@100/200(2) 7Φ25 3/4
2Φ22+1Φ20 2Φ18,3Φ16 2Φ20,2Φ18+1Φ16 Φ6@13 12000
KL3(2) Φ8@100/200(2)

KL7(3) 250×500 2Φ20 YP2 2400
2Φ16,3Φ16 4800

2Φ20+2Φ22 2Φ20+2Φ22 3Φ16 2Φ20+4Φ25 3/3 2Φ20+1Φ18 B
3Φ20 2Φ18+1Φ16 300×900
2Φ16 Φ8@100/200(2) 7Φ25 3/4
Φ6@13 Φ8@100/200(2)

LL1(1) LL1(1) LL1(1) LL1(1) 4800

2Φ18+2Φ20 2Φ18+2Φ20 3Φ16 2Φ18+2Φ20 2Φ20+1Φ18 2Φ18+2Φ20 2Φ18+1Φ16 A

YP3

3000 3000 3000 3000 3000 3000 3000 3000

| 6 | 7 | 8 | 9 |

法施工图

)作用处,未注明处在主梁内的
加箍筋(设吊筋处亦设).
匀。

建设单位						
工程名称	总装工房					
院　　长		审　核		图		阶段	施工
总设计师		校　对		纸		图别	结构
项目负责人		设　计		名	二层楼面梁平法施工图	图号	4/8
专业负责人		注　册师		称		比例	—
						日期	

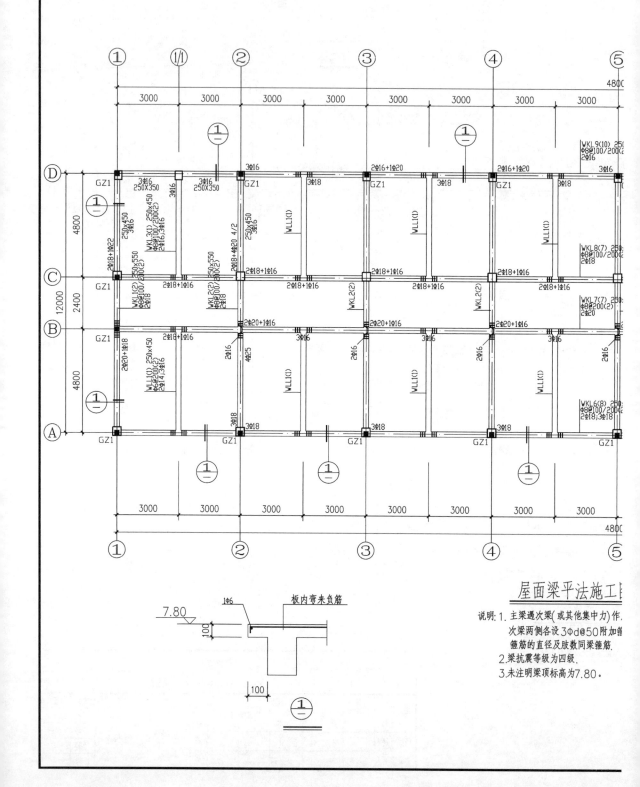

屋面梁平法施工图

说明: 1. 主梁遇次梁(或其他集中力)作,
次梁两侧各设 3Φd@50 附加箍
箍筋的直径及肢数同梁箍筋.
2.梁抗震等级为四级.
3.未注明梁顶标高为7.80.

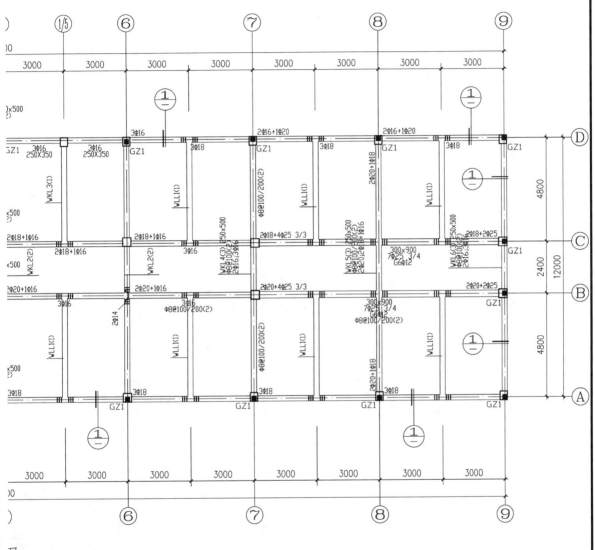

屋面梁平法施工图

建设单位						
工程名称	总装工房					
院　长		审　核		图		阶段 施工
总设计师		校　对		纸	屋面梁平法施工图	图别 结构
项目负责人		设　计		名		图号 5/8
专业负责人		注 册 师		称		比例 一
						日期

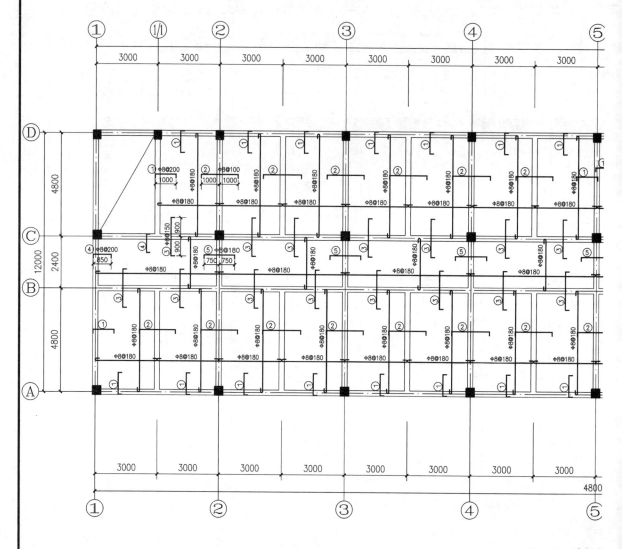

二层现

说明: 1.图中未注
2.未注明的
3. K8表示
4. 厕所地面

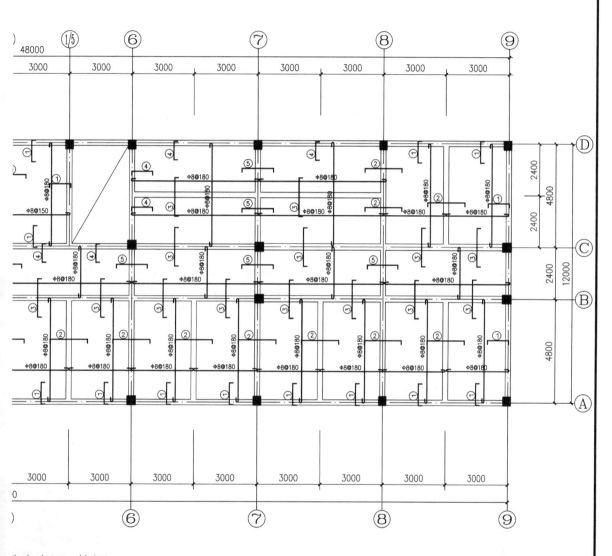

现浇板配筋图

明的板厚均为100。

板面标高均为4.20。

Φ8@200。

低50mm。

						建设单位				
						工程名称	总装工房		阶段	施工
院 长		审 核			图				图别	结构
总设计师		校 对			纸	二层现浇板配筋图			图号	6/8
项目负责人		设 计			名				比例	—
专业负责人		注 册 师			称				日期	07.7

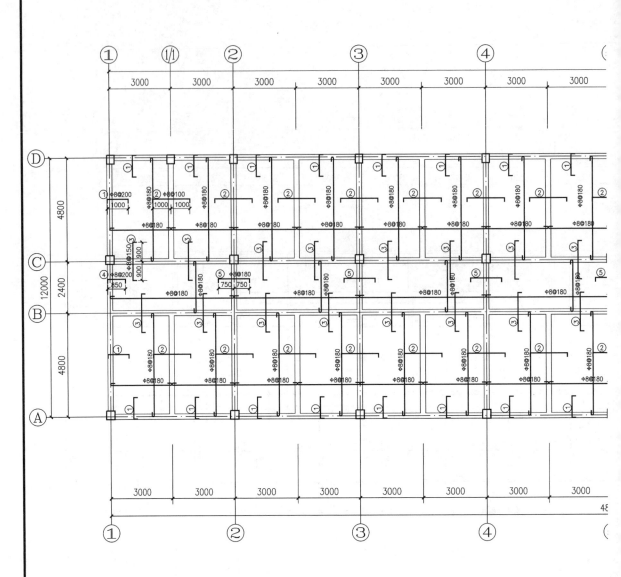

屋面现浇板

说明: 1.图中未注明的板厚均为
      2.K8表示Φ8@200。
      3.屋面板负筋未拉通处,双
      4.未注明的板面标高均为

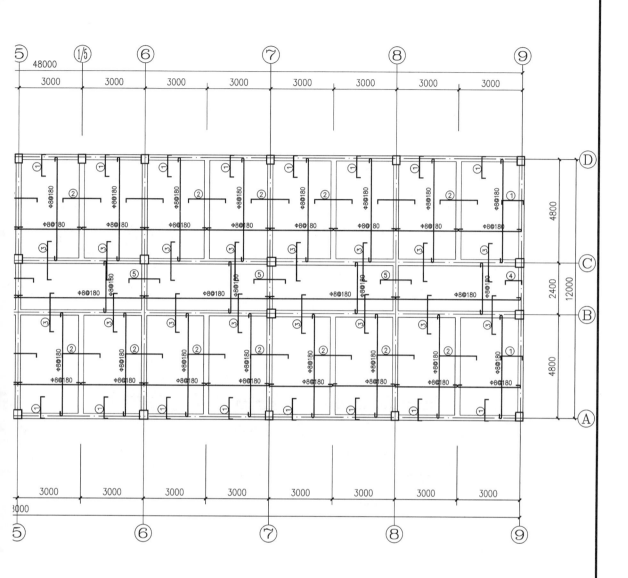

配筋图
<u>配筋图</u>

100.

向设通长Φ8@200构造面筋
7.80.

建设单位						
工程名称		总装工房				
院 长		审 核		图		阶段 施工
总设计师		校 对		纸	屋面现浇板配筋图	图别 结构
项目负责人		设 计		名		图号 7/8
专业负责人		注 册 师		称		比例 —
						日期 07.7

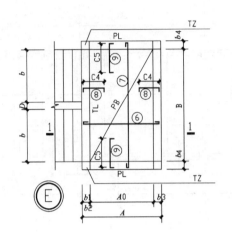

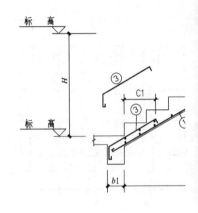

E

1—1

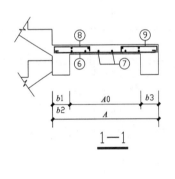

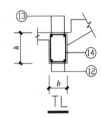

墙支承

TL

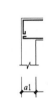

梯段板	编号	标高	类型	断面 b×h	尺寸					级数	踏步尺寸		支座尺寸		梯板配筋						备注
					D	L	L1	L2	H		宽	高	b1	b2	①	②	③	C1	④	C2	⑤	
	TB1	楼梯剖面	A	1300X100	160	3120			2100	13	260	161	200	250	Φ12@150		Φ12@150	850	Φ12@150	850		

	平		编号	标高	类型	断面 A×B	平台板尺寸							平台板配筋						备注
							b1	b2	b3	b4	A0	h	h0	⑥	⑦	⑧	⑨	C4	C5	
平台板			PB1	详见楼梯剖面		1500X2600	200	200	250	250	1230	80		Φ8@150	Φ8@200	Φ8@200	Φ8@200	450	450	

	编号	柱底标高	柱顶标高
TZ	楼面	休息平台	

楼梯梁	编号	标高	跨度 L0	断面 b×h	支座尺寸		
					a1	a2	
	TL0	0.00	2760	200X350	240	240	2
	TL1	详见剖面	2760	250X350	240	240	2
	PL	休息平台	1500	250X250	240	240	2

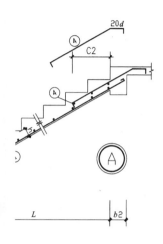

20d

C2

Ⓐ

Ⓐ

L | b2

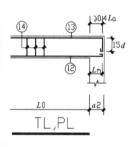

≥0.4Lₐ

⑭ ⑬

15d

⑫ Lₙ

L0 | a2

TL,PL

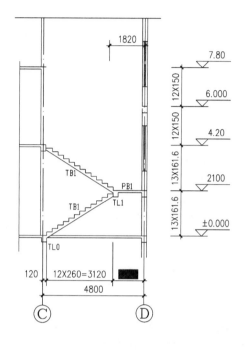

1820

7.80

6.000

4.20

2100

±0.000

12X150

12X150

13X161.6

13X161.6

TB1

TB1

PB1

TL1

TL0

120 | 12X260=3120

4800

Ⓒ Ⓓ

1#楼梯剖面

说明:
1. 本梯表与楼层结构平面及建施楼梯大样同时使用,栏板(杆)构件及安装联结预埋件等详见建筑施工图.
2. 本梯表混凝土材料同相应楼层,钢筋为HPB300(Φ)级 f_y =270N/mm² 和HRB335(Φ)级 f_y =300N/mm².
3. 梯板底分布筋每步1Φ6,平台及其他部位分布筋Φ6@200.
4. 板钢筋保护层20厚,柱钢筋保护层30厚,梁钢筋保护层30厚.
5. 当板厚 t ≥180时,应加设Φ8构造面筋,间距为③~⑤号筋间距两倍.
6. 本图表尺寸单位为毫米,标高为米.

台	柱	配	筋	
b4×h2	⑩	⑪	备	注
250X200	4Φ14	Φ6@200		

配		筋	备 注
⑫	⑬	⑭	
Φ16	2Φ12	Φ8@200	
Φ18	2Φ12	Φ8@200	
Φ14	2Φ12	Φ8@200	

建设单位			
工程名称	总装工房		

院 长		审 核		图		阶段	施工
总设计师		校 对		纸		图别	结构
项目负责人		设 计		名	楼梯大样图	图号	8/8
						比例	—
专业负责人		注 册 师		称		日期	

附图2 绿色建筑科技中心

一、设计依据

1. 建设单位设计委托书.

2. 当地规划管理部门同意的规划建筑设计方案.

3. 选用的规范及技术标准:

  (1) 建筑工程设计文件编制深度的规定 (2003年版).

  (2)《民用建筑设计通则》GB 50352—2005.

  (3)《办公建筑设计规范》JGJ 67—2006.

  (4)《公共建筑节能设计标准》GB 50189—2005.

  (5)《建筑设计防火规范》GB 50016—2006.

  (6)《城市道路和建筑物无障碍设计规范》JGJ50—2001.

  (7) 其他国家和地方相关设计标准,规范.

二、工程概况

1. 本工程为江西建设职业技术学院绿色建筑科技中心(一),为教学管理用房 .

2. 建筑面积: 1972.62 m^2, 建筑层数: 地上5层.

3. 建筑高度: 室外地面至屋面高度19.050 m.

4. 建筑结构形式为框架结构, 使用年限为50年, 抗震设防烈度为6度.

5. 本工程类别: 二类, 耐火等级: 二级.

三、设计标高及建筑定位

1 本工程设计标高±0.000 相对于绝对标高由现场定, 室外标高-0.450, 建筑定位详见总平面图.

2 本图除标高总图以米计外, 其余均以毫米为单位, 图面尺寸均以所注尺寸为准.

3 各层平面, 剖面, 立面及大样图中所注标高均为建筑完成标高, 屋面标高为结构面标高.

4 卫生间标高均比同层楼面标高落低50, 并朝有地漏处做1%排水坡度.

四、建筑用料说明

1 墙体工程

  (1)墙体的基础部分、承重钢筋混凝土柱见结施, 建筑图仅作示意, 墙体采用 200 厚黏土多孔砖.

  (2)墙体砌筑构造和技术要求见相关规范和结构总说明.

  (3)墙身防潮层: 在室内地坪下约60处做20 厚 1:2水泥砂浆内加3~5%防水剂的墙身防潮层 (在此标高为钢筋混凝土构造, 或下为砌石构造时可不做).

  (4)门洞和经常易碰撞部位的阳角, 除图注和装修采取保护措施外, 一律用1:2水泥砂浆做护角, 其高度为2m, 每侧宽度不小于50mm, 面层粉刷同附近墙面.

  (5)卫生间楼面结构层四周支承处 (除门洞外), 均应设置 200 高混凝土翻边, 宽同墙厚, 用 30厚1:2.5 水泥砂浆内掺水泥重量10%的 JJ91砖质外粉密实剂外粉, 卫生间防水做法 详03J930-1 (15/33).

  (6)凡与屋面相交的外墙 (门洞除外), 若室外屋面完成面高于室内, 均应增设 300 高同墙厚混凝土翻边.

2 楼地面

  地面砖楼地面——用于: 楼梯间及楼梯休息平台, 踏步, 房间; 走道做法: 详03J930-1 (7/31); 卫生间做法详03J930-1 (19/35).

3 屋面工程

  (1) 本工程屋面防水等级为二级, 防水层合理使用年限为15年.

  (2) 不上人平屋面(有保温层)做法详03J930-1 (10A/107),55厚玻化微珠, 找坡材料用水泥炉渣 上人屋面(有保温层)做法详 03J930-1 (9A/107),55厚玻化微珠, 泛水做法详03J930-1 (3/208).

  (3) 屋面各节点泛水, 山墙防水详 03J930-1 (1/208), 在露台的上层屋面落水管 处应设置400x400x4的C20混凝土接水板内配φ4@200.

  (4) 雨水管选用φ100UPVC管及相应配件. 屋面落水口详03J930-1 (1/208) .

4 外墙面

  (1) 外墙饰面材料, 色彩及使用部位详见各立面图. 做法: 详03J930-1 (5/90).

  (2) 外墙保温做法: 详稽 07ZJ105 (22/22) 45 厚玻化微珠保温砂浆.

  (3) 外墙门窗, 门窗套, 阳台板, 天沟等天盘底均须做滴水线

5. 内墙面

  (1) 房间, 楼梯间做乳胶漆墙面, 做法: 详03J930-1 (3/70).

  (2) 卫生间均做釉面砖防水墙面, 做法: 详03J930-1 (21/76), 规格: 300X200 釉面砖防水墙面为1800mm 高.

  (3) 踢脚做法: 详03J930-1 (82/82) 平墙面, 高150.

  (4) 天棚做法: 部位同内墙面一致 做法详03J930-1 (8/85).

6. 门窗工程

  (1) 门窗玻璃的选用应遵照《建筑玻璃应用技术规程》JGJ 113和《建筑安全玻璃管理 规定》发改运行[2003]2116文及地方主管部门的有关规定.

  (2) 建筑物的外窗气密性等级, 不应低于现行国家标准《建筑外门窗气密、水密、 抗风压性能分级及检测方法》GB/T 7106-2008规定的6级.

  (3) 门窗立樘: 除特殊注明外, 单向开门立樘居墙中, 窗立樘居墙中; 管道井竖井设 门坎, 高300.

  (4) 窗台面低于900的外墙部位, 应设900高(高度从可踏面算起)防护栏杆, 具体见 建施大样.

  (5) 平开防火门应设闭门器, 双扇平开防火门安装闭门器和顺序器, 常开防火门须 安装信号控制关闭和反馈装置.

  (6) 所有疏散门均向疏散方向开启.

  (7) 机要办公室、财务办公室等重要办公室的门应采取防盗措施, 室内宜设防盗 报警装置, 甲方自定.

  (8) 底层窗户均设防盗栏杆, 所有卫生间窗均为磨砂玻璃.

  (9) 全玻璃门及落地玻璃窗应设防撞提示标志.

7. 室外工程

  (1) 散水, 台阶做法: 详稽04J701 (3/12) (4) 散水宽600.

  (2) 散水, 台阶等与主体建筑之间设 20宽变形缝, 缝底填沥青麻丝.

  (3) 室外工程须待主体建筑及室外管线施工完成后进行.

8. 油漆涂料工程

  (1) 室内外各项露明金属件应先刷防锈漆两道后再刷同室内外部分相同颜色的漆, 做法 详03J930-1油 (12/12).

  (2) 各项油漆均由施工单位制作样板, 经确认后方可施工, 并据此验收.

9. 室内外装修工程

  (1)除本设计以外的室内外二次装修应由建设单位聘请具有合格资质的专业装修 公司负责进行设计和施工, 并对此承担全部技术和安全责任. 在进行二次装 修设计和施工时, 不得随意改变建筑的承重结构, 不得对建筑的主体结构和 整体外形造成破坏, 以免带来安全隐患. 同时还必须符合国家颁布现行的

计 说 明

《建筑内部装修设计防火规范》的要求，并且应采用不燃、难燃、阻燃装修材料，严禁使用燃烧时产生毒气的装饰材料，严禁采用散发超过国家环保标准浓度的有害气体和放射性物质的装饰材料，必须做好绿色环保装修、无害装修，确保使用人员的健康和安全.

(2) 设计使用的建筑材料包括砂、石砖、水阀、混凝土及其构件、陶瓷、石膏板、人造木板、涂料等有关放射性物质，游离甲醛释放等的限量必须符合GB 50325—2001中的3.1.1/3.1.2/3.2.1/3.3.1/4.3.1/4.3.10的规定.

(3) 室内装修防火应符合GB50222—95中的3.2.1等规定.

五、建筑节能设计

(1) 该建筑应以建设厅赣建设［2004］52号文、53号文，建设部建科［2004］17号文和《公共建筑节能设计标准》GB 50189-2005．规范采取建筑节能处理.

(2) 具体详见节能设计专篇.

(3) 其他：各层遇有管道预留洞口时，待管道安装后用不低于楼板标号的细石混凝土封堵，要求平整不渗水.

六、施工要求

1 施工时须严格按照设计图纸要求施工，满足国家、省市有关施工验收规范，确保施工质量.

2 施工中如遇到图中不明之处或与其他专业不物合处应及时与设计院联系.

采用标准图集

03J930-1	住宅建筑构造
03J926	建筑无障碍设计
06J505-1	钢筋混凝土雨篷
04J101	砖墙建筑构造
02J915	公用建筑卫生间
02J503-1	常用建筑色
03J915	防火门窗
03J603-2	铝合金节能门窗
赣07ZJ105	瓷化微珠外墙外保温建筑构造

	设计编号	洞口尺寸(mm)	数量	图集名称			备注
	M0921	900×2100	9	03J603-2			平开门、详大样
	M1021	1000×2100	47	03J603-2			平开门、详大样
	M1521	1500×2100	4	03J603-2			平开门、详大样
	M1821	1800×2100	1	03J603-2			平开门、详大样
	M1827	1800×2700	1	03J603-2			平开门、详大样
	M-1	3600×2700	1				平开门、详大样
	YFM1521	1500×2100	3	03J609			乙级防火门
	C0606	600×600	4	03J603-2			平开门、详大样
	C0621	600×1100	48	03J603-2			平开门、详大样
	C1521	1500×2100	51	03J603-2			平开门、详大样
	C1828	1800×2800	3	03J603-2			平开门、详大样
	C1831	1800×3100	3	03J603-2			平开门、详大样
	YFC3021	3000×2100	3	03J609			03J609
	MQ1	6510×10000					详大样

1.外窗气密性需达到GB/T 7106—2008规定的6级，透明幕墙的气密性需达到GB/T 15225规定的3级。

2.大于1.5㎡的玻璃式窗台高低于500的玻璃窗，应采用安全玻璃。

3.所有窗台高不足900高的窗户均需加装1100高护栏杆。

4.玻璃幕墙均由甲方另请有专业资质的设计公司设计施工。

5.卫生间窗户采用磨砂玻璃。

6.玻璃门窗洞口宽、高数据以现场所测数值为准。

审 定	周建军	
审 核	李炎华	
校 对	肖艳霞	
工程负责	李炎华	
专业负责	李炎华	
设 计	周伟伟	
绘 图	周伟伟	

修改说明

出图专用章

注册师执业印章

建设单位
江西建设职业技术学院

工程名称
绿色建筑科技中心(一)

图纸名称

工程编号

比例	1:100	专业	建筑
日期	2012.06	阶段	施工图
版次	第2版	图号	JS-01

本图须加盖本院出图专用章，否则一律无效

公共建筑节能设计说明

一、设计依据

1. 《公共建筑节能设计标准》GB 50189—2005.
2. 《民用建筑热工设计规范》GB 50176—93.
3. 《建筑外门窗气密、水密、抗风压性能分级及检测方法》GB/T 7106—2008.
4. 《建筑幕墙物理性能分级》GB/T 15225—94.
5. 其他相关标准、规范.

二、建筑概况

建筑方位:	北向180°	建筑层数:	4	建筑表面积:	2118.67 m²
结构类型:	框架	建筑高度:	14.700 m	建筑体积:	7238.12 m³
建筑面积:	1971.93 m²	建筑体型:	条状	体型系数:	0.29

三、总平面设计节能措施

1. 总体布局: 东西向
2. 朝向: 东西向
3. 通风组织: 东西通风
4. 绿化系统: 建筑周围布置绿化带

四、围护结构节能措施

1、屋顶:

简 图	工 程 做 法	传热系数 K	热惰性指标 D
（例） 屋面	1. 结合层:20厚1:3干硬性水泥砂浆 2. 隔离层:干铺聚酯无纺布一层 3. 保温层:55AJ膨胀玻化微珠保温砂浆 4. 防水层:4厚高聚物APP改性沥青防水卷材二道 5. 隔离层:水性基层处理剂一道 6. 找平层:20厚1:3水泥砂浆 7. 找坡层:30厚(最薄)1:8水泥炉渣 8. 结构层:100厚现浇钢筋混凝土屋面板 9. 粉刷层:20厚水泥石灰砂浆	0.97	3.35

2、外墙:

简 图	工 程 做 法	平均传热系数 K_m	热惰性指标 D
（例） 外墙-1	1. 粉墙层:25厚砂浆 2. 结构层:200厚烧结多孔砖 3. 保温层:45厚玻化微珠保温砂浆400 4. 保护层:4厚抗裂砂浆 5. 饰面层:外墙涂料	0.99	4.24
外墙-2	1. 粉墙层:25厚砂浆 2. 结构层:200厚钢筋混凝土 3. 保温层:45厚玻化微珠保温砂浆400 4. 保护层:4厚抗裂砂浆 5. 饰面层:外墙涂料	1.13	2.93

3、挑空楼板:

简 图	工 程 做 法	传热系数 K	热惰性指标 D
（例）	1. 20厚水泥砂浆 2. 结构层:100厚现浇钢筋混凝土楼板 3. 20厚水泥砂浆 4. 保温层:20厚AJ膨胀玻化微珠保温砂浆 5. 20厚水泥石灰砂浆粉刷层	1.19	2.13

4、地面:

简 图	工 程 做 法	导热阻R
地面-1	1. 20厚水泥砂浆 3. 夯实黏土	0.09

5、户门、外门窗：

（1）外门窗汇总表：

类别	编号	门窗洞口面积（m²）	材料		开启方式	传热系数K
			框料	玻璃		
外窗	C0608	0.48	断热铝合金	镀膜中空玻璃(6+9A+6)	固定	2.4
	C0615	0.90	断热铝合金	镀膜中空玻璃(6+9A+6)	平开	2.4
	C0621	1.26	断热铝合金	镀膜中空玻璃(6+9A+6)	平开	2.4
	C1521	3.45	断热铝合金	镀膜中空玻璃(6+9A+6)	推拉	2.4
	C1828	5.04	断热铝合金	镀膜中空玻璃(6+9A+6)	平开	2.4
	C1831	5.58	断热铝合金	镀膜中空玻璃(6+9A+6)	平开	2.4
	MQ1	65.10	断热铝合金	镀膜中空玻璃(6+9A+6)	平开	2.4
外门	M1521	3.15	断热铝合金	镀膜中空玻璃(6+9A+6)	平开	2.4
	M1821	3.78	断热铝合金	镀膜中空玻璃(6+9A+6)	平开	2.4
	M1827	4.86	断热铝合金	镀膜中空玻璃(6+9A+6)	平开	2.4
	M-1	9.72	断热铝合金	镀膜中空玻璃(6+9A+6)	平开	2.4

（2）外门窗安装时，门窗框与洞口之间应采用发泡填充剂塞填，以避免形成冷桥；

（3）外窗气密性不应低于GB/T 7106—2008规定的6级，透明幕墙的气密性不应低于《建筑幕墙物理性能分级》GB/T 15225规定的3级。

（4）以上所用各种材料，须在材料和安装工艺上把好关，并经过必要的抽样检测，方可正式制作安装。

五、节点大样做法

设计部位	构造做法（图集索引编号）
外墙	赣07ZJ105 ③/25
女儿墙	赣07ZJ105 ⑤/25
外墙阴、阳角	赣07ZJ105 ③/26 ④/25
外门洞口	赣07ZJ105 ①/30
外窗洞口	赣07ZJ105 ②/30
阳台	赣07ZJ105 ③/35
变形缝	赣07ZJ105 ③/41
分格缝	赣07ZJ105 ②/41
勒脚	赣07ZJ105 ②/28
穿墙管	赣07ZJ105 ①/40
雨篷	赣07ZJ105 ②/35

六、建筑节能设计汇总表：

设计部位		规定性指标	计算数值	保温材料及节能措施	备注
屋顶	实体部分	K≤0.7	0.97	55厚AJ膨胀玻化微珠保温砂浆	
	透明部分	面积≤20% K≤3.0 SC≤0.4	面积=— K=— SC=—		
外墙		K≤1.0	1.00	45厚AJ膨胀玻化微珠保温砂浆	
架空楼板		K≤1.0	—	—	
外挑楼板		K≤1.0	1.19	20厚AJ膨胀玻化微珠保温砂浆	
地面		R≥1.2	0.09	混凝土120不保温地面	
地下室外墙		R≥1.2	—	—	

单一朝向外墙(包括透明幕墙部分)	窗墙面积比	K	SC(东西向/南向)	窗墙面积比		K	SC	可开启面积>30%	可见光透射比>0.4
	<0.2	<4.7	—	东	0.19	2.4	0.2	>30%	1.0
	<0.2	<4.7	—	西	0.28	2.4	0.2	>30%	1.0
	>0.2-<0.3	<3.5	<0.55/-	南	0.10	2.4	0.2	>30%	1.0
	<0.2			北	0.09	2.4	0.2	>30%	1.0
	<0.2	<4.7							

气密性等级	外窗	≥6级	6	外窗节能断热铝合金镀膜中空玻璃6+9A+6（低）
	透明幕墙	≥3级	3	

权衡判断	能源种类	设计建筑		参照建筑	
		能耗	单位面积能耗	能耗	单位面积能耗
	空调年耗电量		66.54		89.78
	采暖年耗电量		54.13		36.98
	总计		120.67		126.76

注：●K为传热系数[W/m²·K]　●R为热阻[m²·K/W]　●SC为遮阳系数　●能耗单位：kW·h　●单位面积能耗单位：kW·h/m²

修改说明

审定
审核
校对
工程负责
专业负责
设计
绘图

出图专用章

注册师执业印章

建设单位
江西建设职业技术学院

工程名称
绿色建筑科技中心(一)

图纸名称

工程编号
比例 1:100　专业 建筑
日期 2012.06　阶段 施工图
版次 第2版　图号 JS-02

本图纸加盖本院出图专用章，否则一律无效

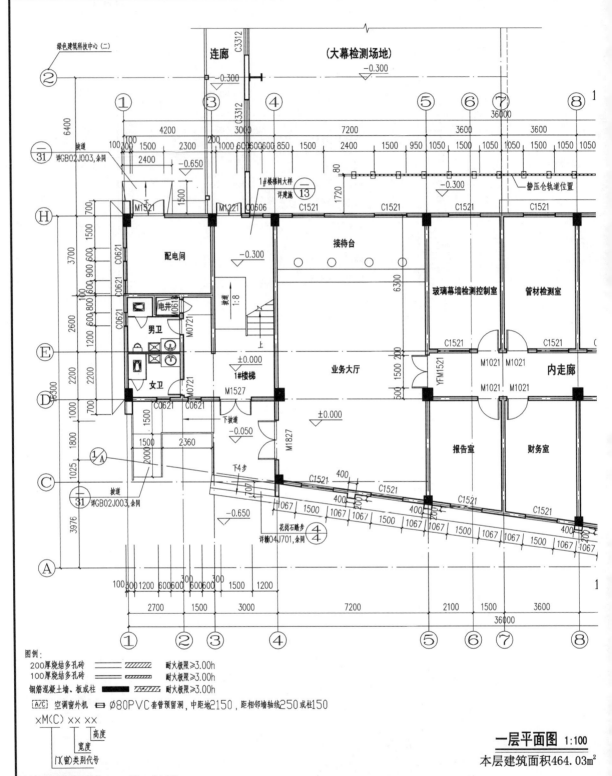

一层平面图 1:100

本层建筑面积464.03m²

图例:
200厚烧结多孔砖
100厚烧结多孔砖
钢筋混凝土墙、板或柱
耐火极限≥3.00h
耐火极限≥3.00h
耐火极限≥3.00h

A/C 空调窗外机 ⊟ Ø80PVC套管预留洞,中距地2150,距相邻墙轴线250或柱150

×M(C) ×× ××
高度
宽度
门(窗)类别代号

注: 1.卫生间比楼层板降低50mm,找坡1%坡向地漏。
2.平面图上雨水管、空调排水管具体位置及管径详见水施。
3.窗台高度低于900的窗户均做防护栏杆。未标注门窗均距墙边100或靠柱边开设。
4.高跨屋面水落管出水口处落在低跨屋面上,设400×400×60的C20混凝土接水板(内配5Φ4双向钢筋)。
5.室外落水管颜色同相近墙面色。
6.有关柱截面尺寸及轴线定位详见结施图并以其为准。构造柱详见结施说明。

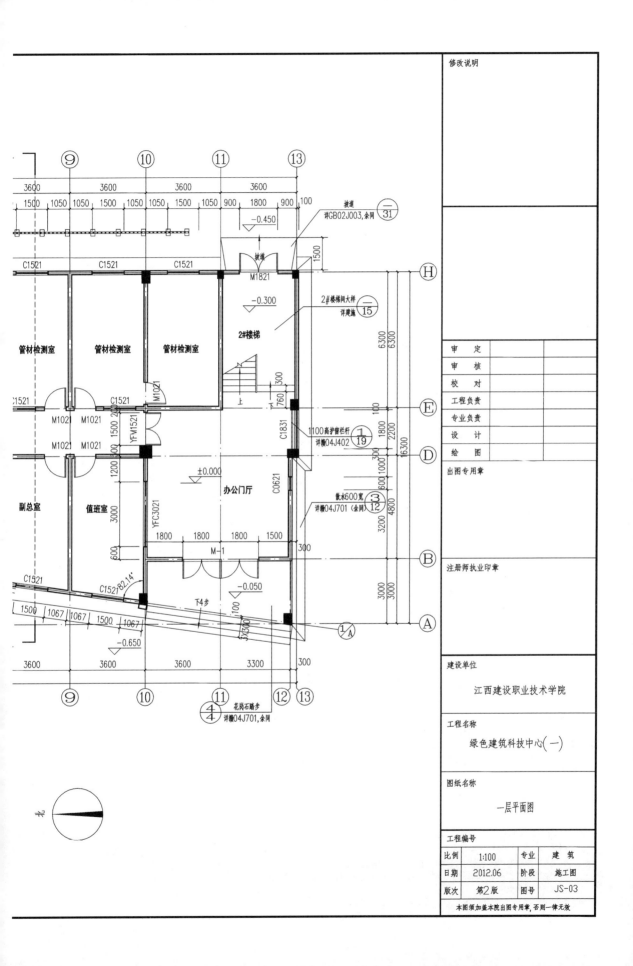

管材检测室

管材检测室

管材检测室

2#楼梯

副总室

值班室

办公门厅

±0.000

−0.050

下4步

−0.650

−0.450

坡道
详GB02J003,余同

−0.300

2#楼梯同大样
详建施

1100高护窗栏杆
详04J402

散水600宽
详04J701（余同）

M1821

M−1

C1521

C1521

M1021

花岗石踏步
详04J701,余同

北

修改说明

审 定
审 核
校 对
工程负责
专业负责
设 计
绘 图

出图专用章

注册师执业印章

建设单位
江西建设职业技术学院

工程名称
绿色建筑科技中心(一)

图纸名称
一层平面图

工程编号

比例	1:100	专业	建 筑
日期	2012.06	阶段	施工图
版次	第2版	图号	JS-03

本图须加盖本院出图专用章,否则一律无效

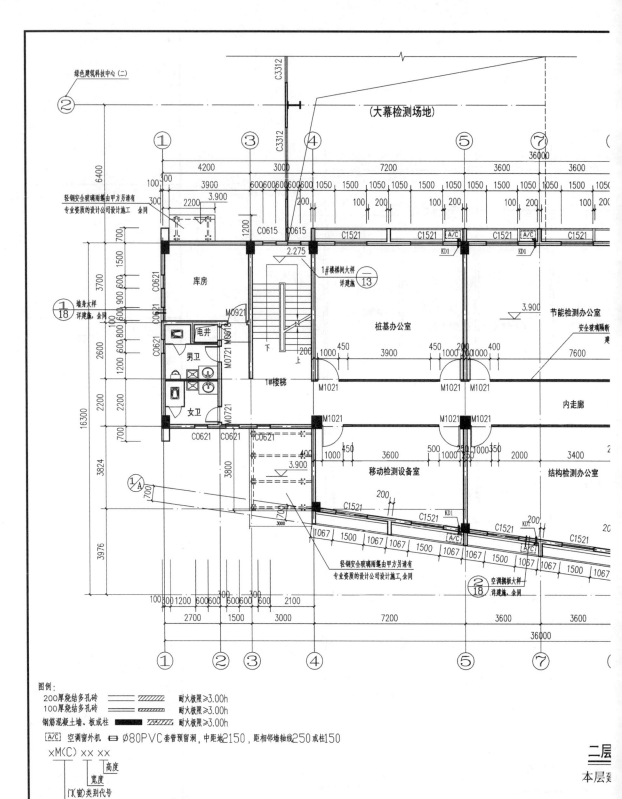

图例:
200厚烧结多孔砖 ▭▨ 耐火极限≥3.00h
100厚烧结多孔砖 ▭▨ 耐火极限≥3.00h
钢筋混凝土墙、板或柱 ■▨ 耐火极限≥3.00h

A/C 空调窗外机 ⊟ Ø80PVC套管预留洞,中距地2150,距相邻墙轴线250或柱150

×M(C) ×× ××
└─ 高度
└─── 宽度
└────── 门(窗)类别代号

二层
本层建

注 1. 卫生间比楼层板降低50mm,找坡1%坡向地漏。
2. 平面图上雨水管、空调排水管具体位置及管径详见水施。
3. 窗台高度低于900的窗均做防护栏杆。未标注门窗均距墙边100或靠柱边开设。
4. 高跨屋面水落管出水口处落在低跨屋面上,设400×400×60的C20混凝土接水板(内配5φ4双向钢筋)。
5. 室外落水管颜色同相近墙面色。
6. 有关柱截面尺寸及轴线定位详见结构图并以其为准。构造柱详见结施说明。

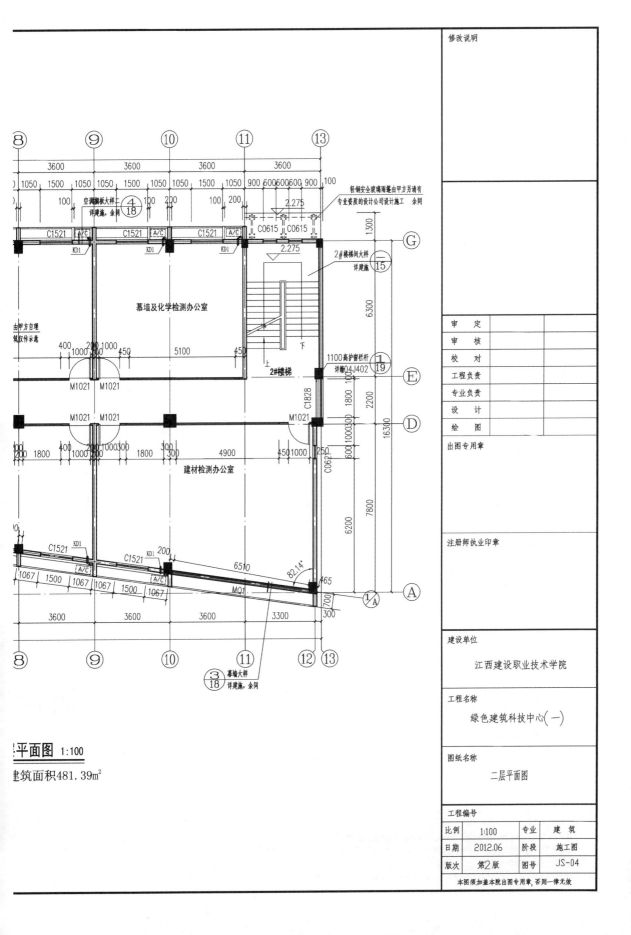

二层平面图 1:100

建筑面积481.39m²

修改说明

审 定
审 核
校 对
工程负责
专业负责
设 计
绘 图
出图专用章

注册师执业印章

建设单位
江西建设职业技术学院

工程名称
绿色建筑科技中心(一)

图纸名称
二层平面图

工程编号

比例	1:100	专业	建 筑
日期	2012.06	阶段	施工图
版次	第2版	图号	JS-04

本图须加盖本院出图专用章,否则一律无效

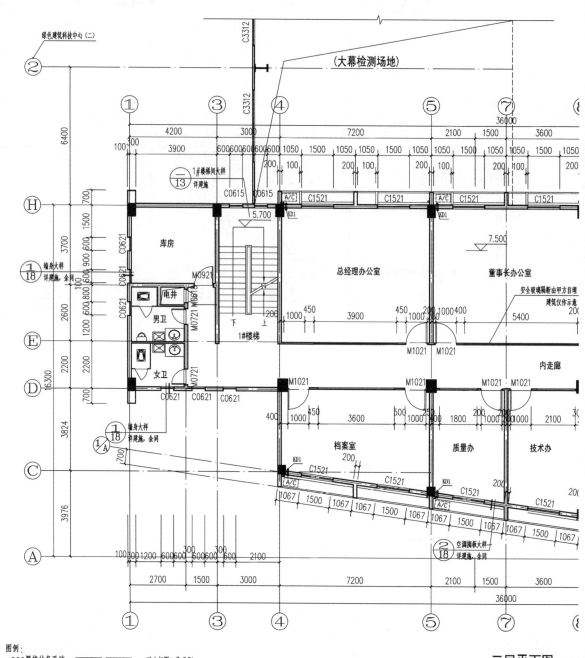

三层平面图 1:10

本层建筑面积481.3

图例：
200厚烧结多孔砖 耐火极限≥3.00h
100厚烧结多孔砖 耐火极限≥3.00h
钢筋混凝土墙、板或柱 耐火极限≥3.00h

A/C 空调窗外机 Ø80PVC套管预留洞，中距地2150，距相邻墙轴线250或柱150

×M(C) xx xx
　高度
　宽度
门(窗)类别代号

注：
1. 卫生间比楼层板降低50mm，找坡1%坡向地漏。
2. 平面图上雨水管、空调排水管具体位置及管径详见水施。
3. 窗台高度低于900的窗均做防护栏杆。未标注门窗均距墙边100或靠柱边开设。
4. 高跨屋面水落管出水口处落在低跨屋面上，设400×400×60的C20混凝土接水板（内配5φ4双向钢筋）。
5. 室外落水管颜色同相近墙色。
6. 有关柱截面尺寸及轴线定位详见结施图并以其为准。构造柱详见结施说明。

图中主要标注：
绿色建筑科技中心（二）
（大幕检测场地）
C3312
1#楼梯间大样 详建施 13
墙身大样 详建施，余同 1/18
墙身大样 详建施，余同 1/18 1/A
空调搁板大样 详建施，余同 2/18

库房
电井
男卫
女卫
1#楼梯
总经理办公室
董事长办公室
安全玻璃隔断由甲方自理 建筑仅作示意
内走廊
档案室
质量办
技术办

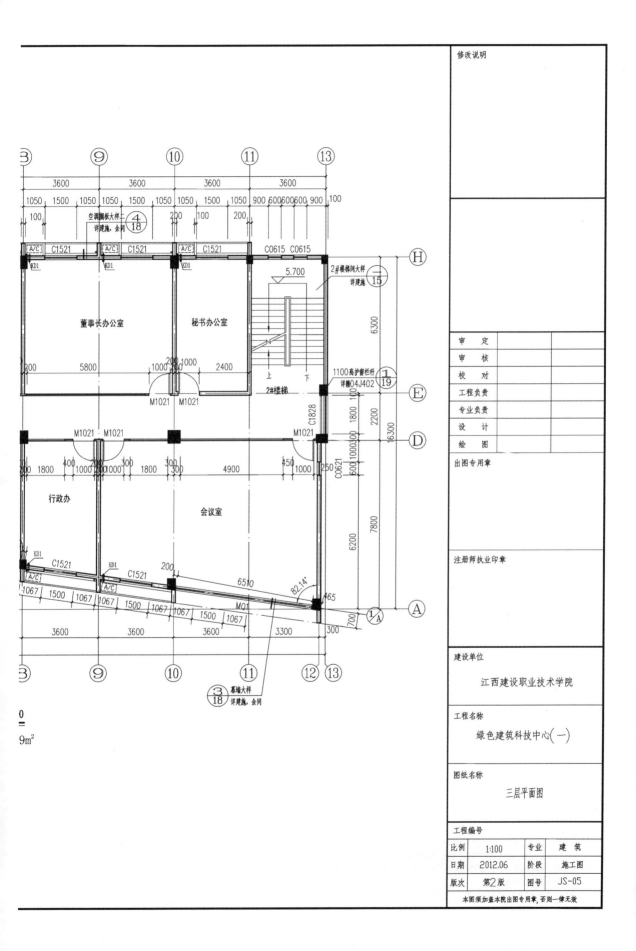

修改说明

审　定
审　核
校　对
工程负责
专业负责
设　计
绘　图

出图专用章

注册师执业印章

建设单位

江西建设职业技术学院

工程名称

绿色建筑科技中心(一)

图纸名称

三层平面图

工程编号

比例	1:100	专业	建筑
日期	2012.06	阶段	施工图
版次	第2版	图号	JS-05

本图须加盖本院出图专用章,否则一律无效

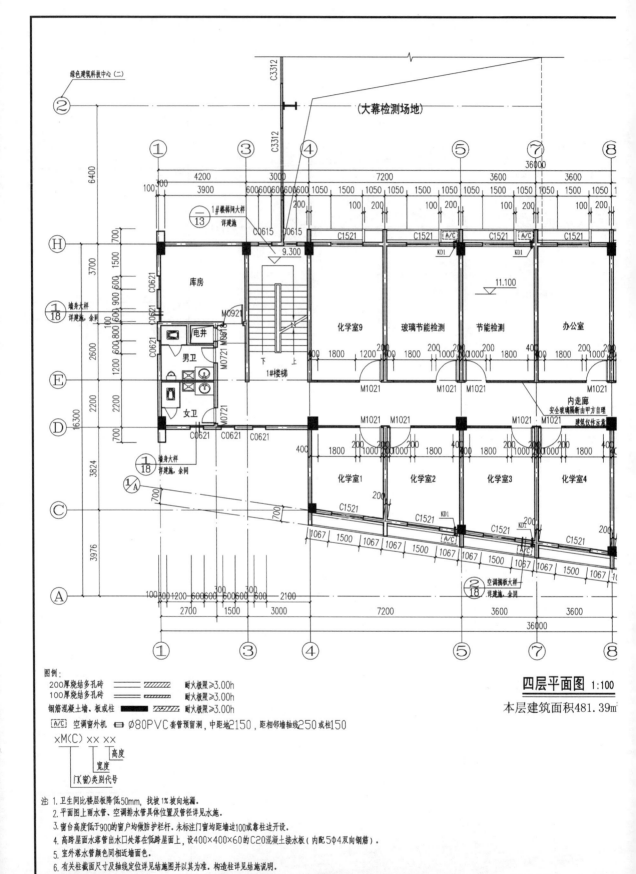

图例:
- 200厚烧结多孔砖 —— 耐火极限≥3.00h
- 100厚烧结多孔砖 —— 耐火极限≥3.00h
- 钢筋混凝土墙、板或柱 ██ 耐火极限≥3.00h

A/C 空调窗外机　⊟ Ø80PVC套管预留洞,中距地2150,距相邻墙轴线250或柱150

xM(C) xx xx
- 高度
- 宽度
- 门(窗)类别代号

四层平面图 1:100

本层建筑面积481.39㎡

注: 1. 卫生间比楼层板降低50mm,找坡1%坡向地漏。
2. 平面图上雨水管、空调排水管具体位置及管径详见水施。
3. 窗台高度低于900的窗户均做防护栏杆。未标注门窗距墙边100或靠柱边开设。
4. 高跨屋面水落管出水口处落在低跨屋面上,设400×400×60的C20混凝土接水板(内配5φ4双向钢筋)。
5. 室外落水管颜色同相近墙面色。
6. 有关柱截面尺寸及轴线定位详见结施图并以其为准。构造柱详见结施说明。

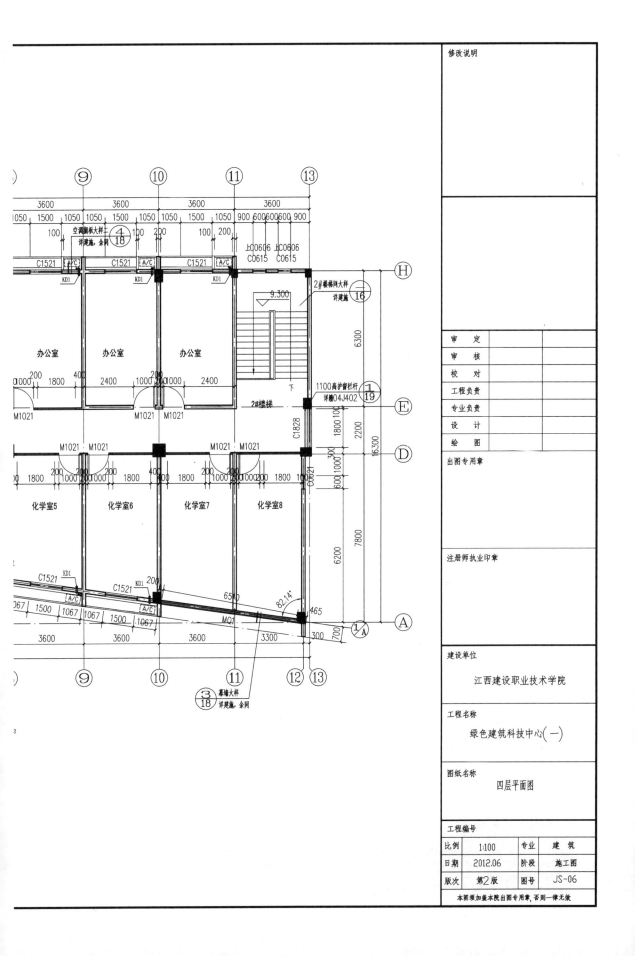

修改说明

审　　定
审　　核
校　　对
工程负责
专业负责
设　　计
绘　　图

出图专用章

注册师执业印章

建设单位

江西建设职业技术学院

工程名称

绿色建筑科技中心（一）

图纸名称

四层平面图

工程编号

比例	1:100	专业	建筑
日期	2012.06	阶段	施工图
版次	第2版	图号	JS-06

本图须加盖本院出图专用章,否则一律无效

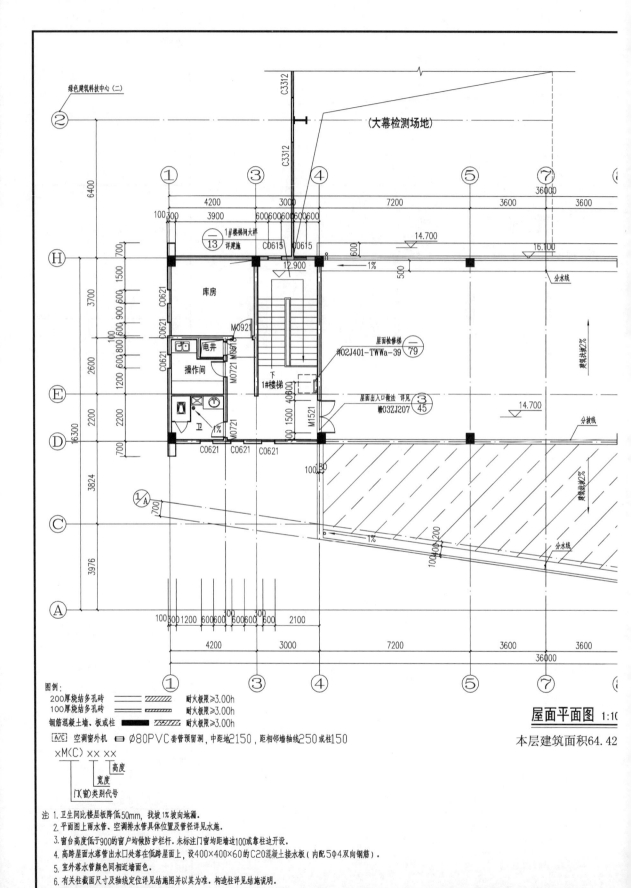

绿色建筑科技中心（二）

（大幕检测场地）

库房

电井

操作间

1#楼梯

卫

屋面检修梯
详02J401-TWWa-39

屋面出入口做法 详见 ③/45
详03ZJ207

分水线

分水线

分水线

建筑找坡2%

建筑找坡2%

屋面平面图 1:10

本层建筑面积64.42

图例：
200厚烧结多孔砖　　　耐火极限≥3.00h
100厚烧结多孔砖　　　耐火极限≥3.00h
钢筋混凝土墙、板或柱　　耐火极限≥3.00h

A/C 空调窗外机　Ø80PVC套管预留洞，中距地2150，距相邻墙轴线250或柱150

×M(C) ×× ××
　　　高度
　　宽度
门(窗)类别代号

注 1. 卫生间比楼层板降低50mm，找披1%坡向地漏。
2. 平面图上雨水管、空调排水管具体位置及管径详见水施。
3. 窗台高度低于900的窗户均做防护栏杆。未标注门窗均距墙边100或靠柱边开设。
4. 高跨屋面水落管出水口处落在低跨屋面上，设400×400×60的C20混凝土接水板（内配5Φ4双向钢筋）。
5. 室外落水管颜色同相近墙面色。
6. 有关柱截面尺寸及轴线定位详见结施图并以其为准。构造柱详见结施说明。

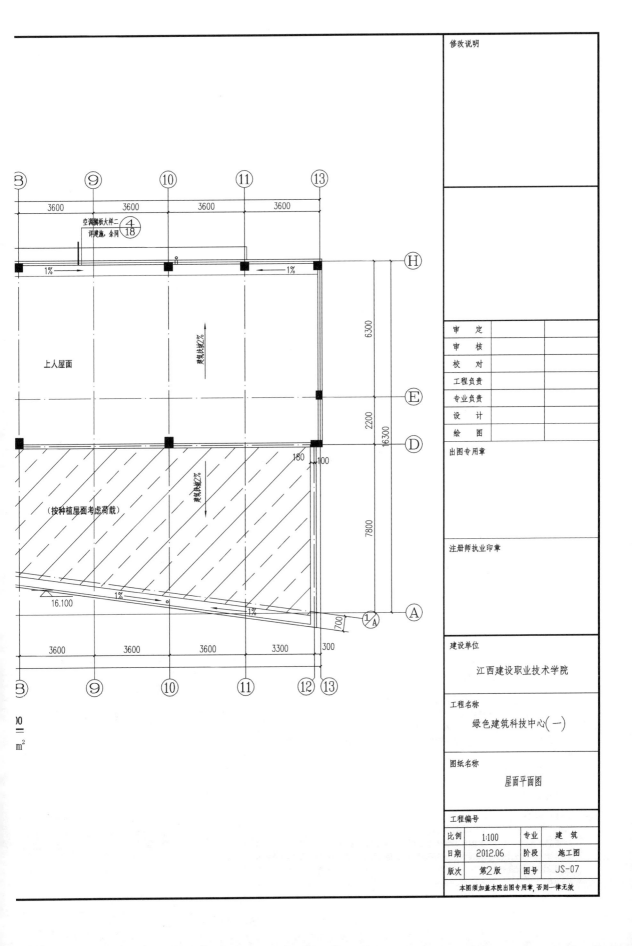

修改说明

审　定
审　核
校　对
工程负责
专业负责
设　计
绘　图

出图专用章

注册师执业印章

建设单位
江西建设职业技术学院

工程名称
绿色建筑科技中心(一)

图纸名称
屋面平面图

工程编号

比例	1:100	专业	建筑
日期	2012.06	阶段	施工图
版次	第2版	图号	JS-07

本图须加盖本院出图专用章,否则一律无效

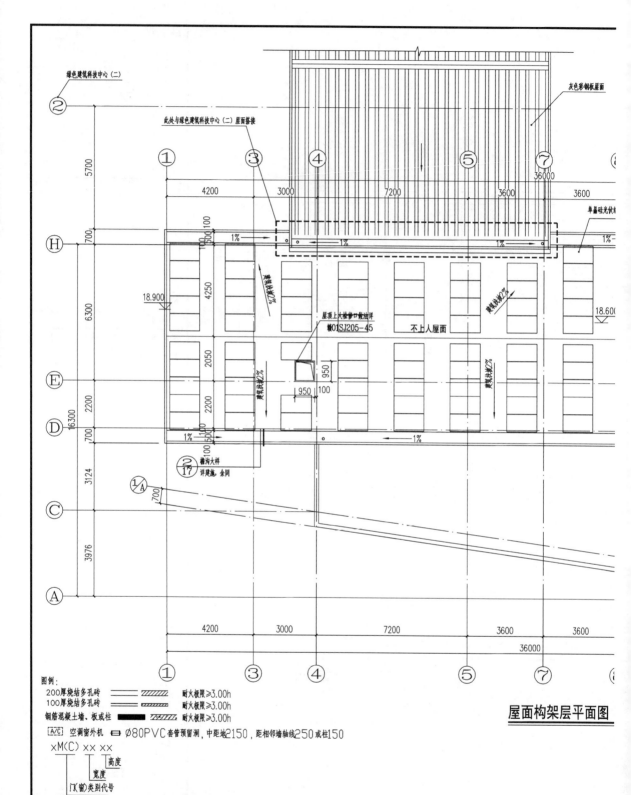

绿色建筑科技中心（二）
②

此处与绿色建筑科技中心（二）屋面搭接

灰色彩钢板屋面

5700

单晶硅光伏纟

① ③ ④ ⑤ ⑦
36000

4200　3000　7200　3600　3600

H　700

18.900

6300

屋顶上人检修口做法详
详01SJ205-45

不上人屋面

18.600

E

16300　2200

D　700

3124

C

3976

A

1% 1%

建筑找坡2%

2050　2200

4250

950

950 100

建筑找坡2%　建筑找坡2%

2 檐沟大样
17 详建施,全同

1/A 700

4200　3000　7200　3600　3600

36000

① ③ ④ ⑤ ⑦

屋面构架层平面图

图例：
200厚烧结多孔砖　耐火极限≥3.00h
100厚烧结多孔砖　耐火极限≥3.00h
钢筋混凝土墙、板或柱　耐火极限≥3.00h

[A/C] 空调窗外机　Ø80PVC套管预留洞，中距地2150，距相邻墙轴线250或柱150

×M(C) ×× ××
　　　　高度
　　　宽度
　门(窗)类别代号

注：1. 卫生间比楼层板降低50mm，找坡1%坡向地漏。
　　2. 平面图上雨水管、空调排水管具体位置及管径详见水施。
　　3. 窗台高度低于900的窗户均做防护栏杆。未标注门窗均距墙边100或靠柱边开设。
　　4. 高跨屋面水落管出水口处落在低跨屋面上，设400×400×60的C20混凝土接水板（内配5φ4双向钢筋）。
　　5. 室外落水管颜色同相近墙面色。
　　6. 有关柱截面尺寸及轴线定位详见结施图并以其为准。构造柱详见结施说明。

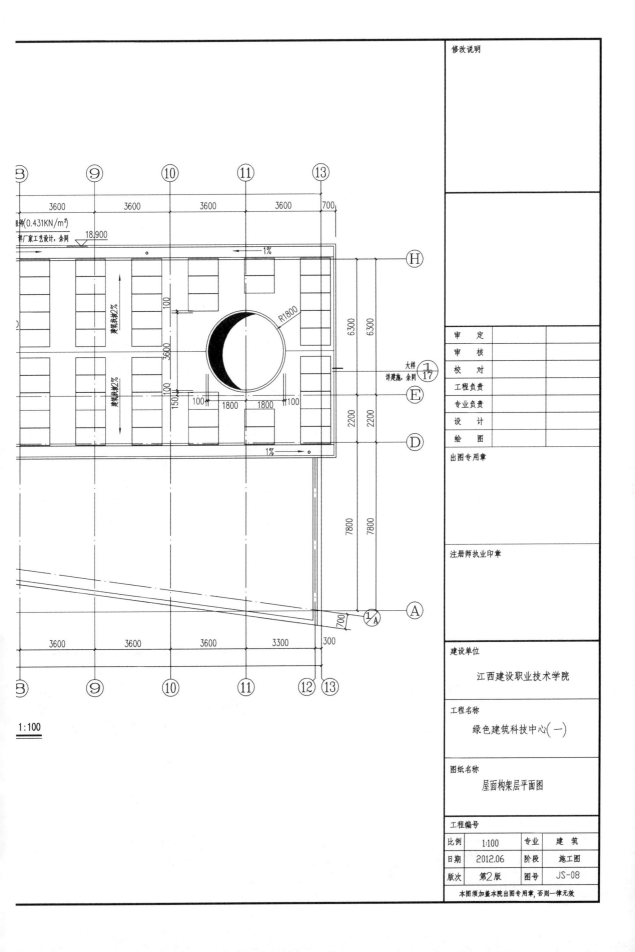

1:100

修改说明

审　定
审　核
校　对
工程负责
专业负责
设　计
绘　图

出图专用章

注册师执业印章

建设单位
江西建设职业技术学院

工程名称
绿色建筑科技中心(一)

图纸名称
屋面构架层平面图

工程编号

比例	1:100	专业	建 筑
日期	2012.06	阶段	施工图
版次	第2版	图号	JS-08

本图须加盖本院出图专用章, 否则一律无效

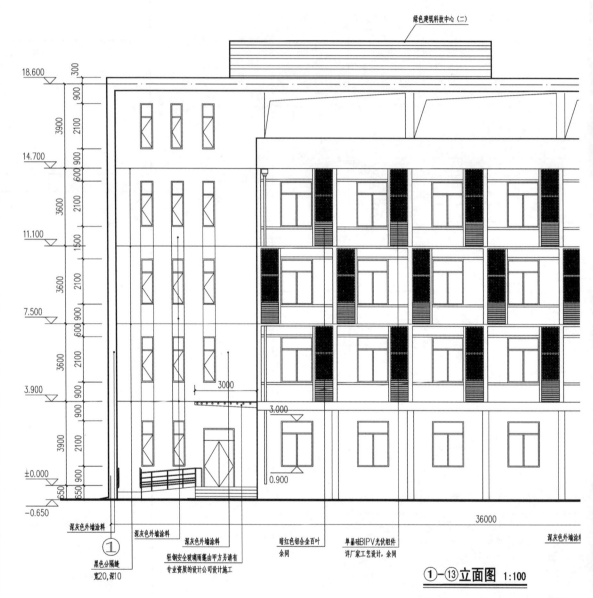

绿色建筑科技中心（二）

18.600

14.700

11.100

7.500

3.900

±0.000

−0.650

3000

3.000

0.900

36000

混灰色外墙涂料

混灰色外墙涂料

混灰色外墙涂料
轻钢安全玻璃雨蓬由甲方另请有
专业资质的设计公司设计施工

暗红色铝合金百叶
余同

单晶硅BIPV光伏组件
详厂家工艺设计，余同

混灰色外墙涂料

①
黑色分隔缝
宽20，深10

①—⑬立面图 1:100

注：分隔缝具体做法详03J930-1 ②/210

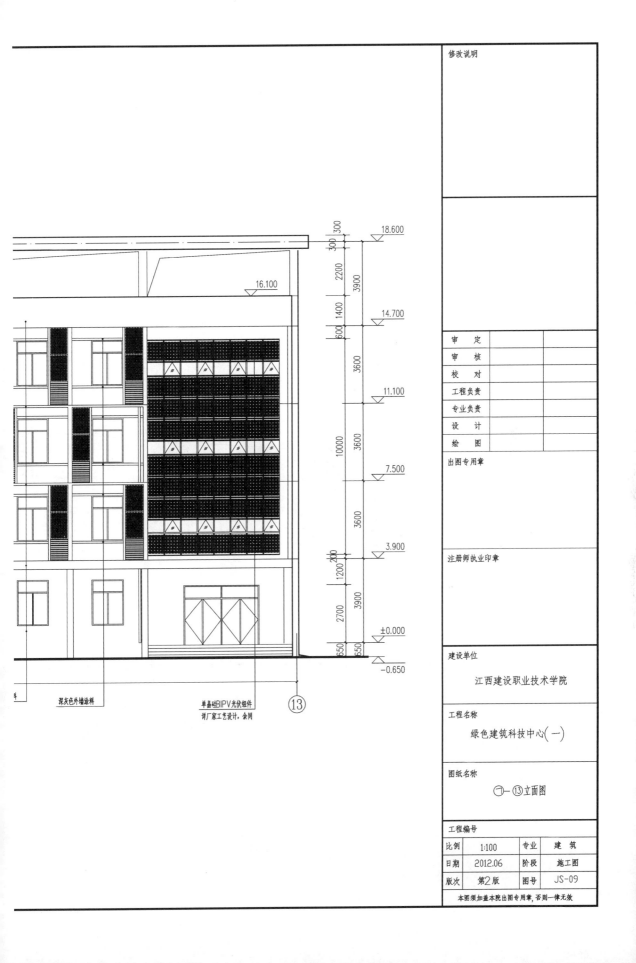

18.600

16.100

14.700

11.100

7.500

3.900

±0.000

-0.650

300
300
2200
3900
600
1400
3600
10000
3600
3600
200
1200
2700
3900
650
650

深灰色外墙涂料

单晶硅BIPV光伏组件
详厂家工艺设计，余同

⑬

修改说明

审　定
审　核
校　对
工程负责
专业负责
设　计
绘　图

出图专用章

注册师执业印章

建设单位
江西建设职业技术学院

工程名称
绿色建筑科技中心(一)

图纸名称
①-⑬立面图

工程编号

比例	1:100	专业	建　筑
日期	2012.06	阶段	施工图
版次	第2版	图号	JS-09

本图须加盖本院出图专用章，否则一律无效

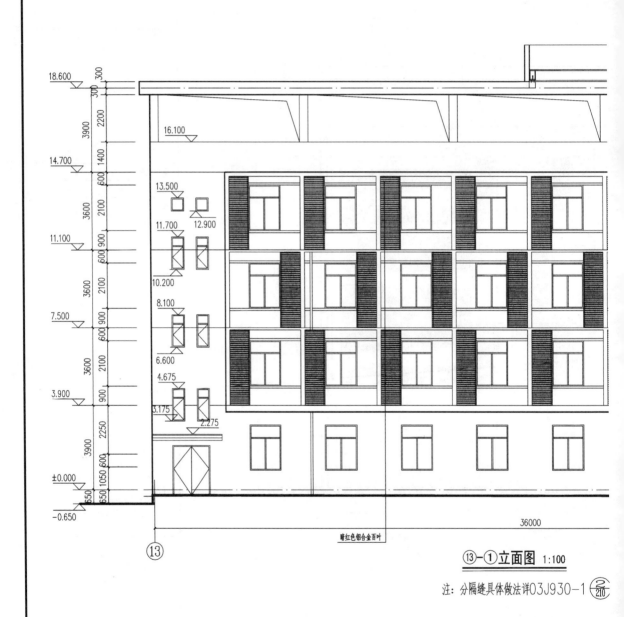

18.600

300

300

3900 2200

16.100

14.700

1400

600

13.500

3600 2100

11.700 12.900

11.100

600 900

10.200

3600 2100

8.100

7.500

600 900

6.600

4.675

3600 2100

3.175

3.900

900

2.275

2250

±0.000

650 1050 600

3900

650

−0.650

⑬

暗红色铝合金百叶

36000

⑬—① 立面图 1:100

注: 分隔缝具体做法详03J930-1 ②/210

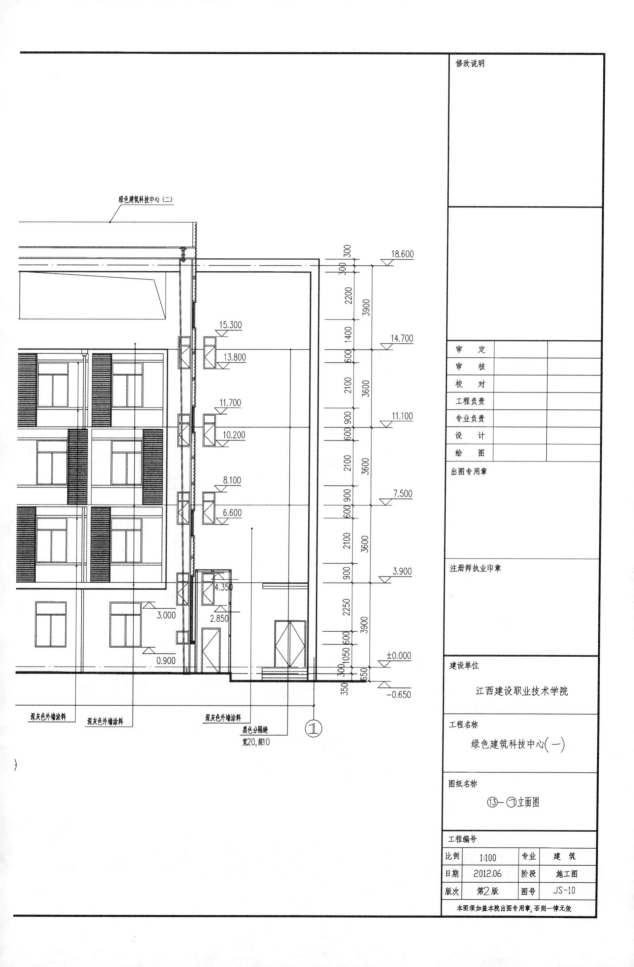

绿色建筑科技中心（二）

18.600

15.300

14.700

13.800

11.700

11.100

10.200

8.100

7.500

6.600

4.350

3.900

3.000

2.850

±0.000

0.900

−0.650

浅灰色外墙涂料　　　浅灰色外墙涂料　　　　　浅灰色外墙涂料

黑色分隔缝
宽20,深10

①

修改说明		

审　定		
审　核		
校　对		
工程负责		
专业负责		
设　计		
绘　图		

出图专用章

注册师执业印章

建设单位		

江西建设职业技术学院

工程名称

绿色建筑科技中心(一)

图纸名称

⑬—①立面图

工程编号

比例	1:100	专业	建　筑
日期	2012.06	阶段	施工图
版次	第2版	图号	JS-10

本图须加盖本院出图专用章,否则一律无效

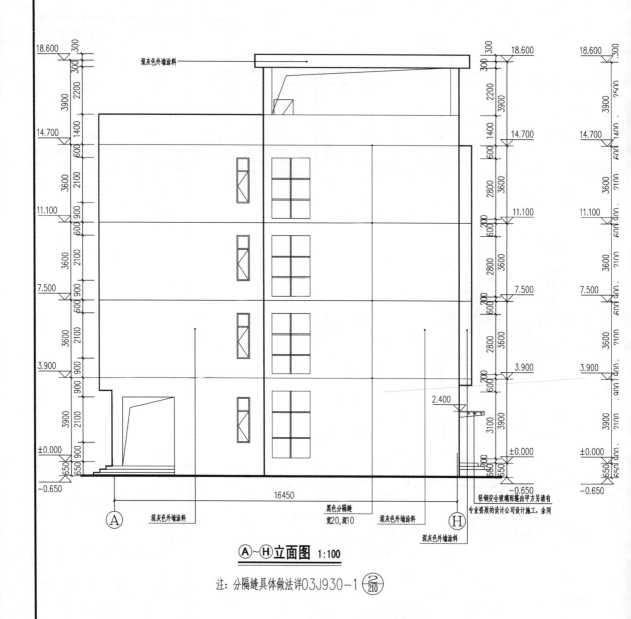

深灰色外墙涂料

18.600
14.700
11.100
7.500
3.900
±0.000
−0.650

2.400

18.600
14.700
11.100
7.500
3.900
±0.000
−0.650

18.600
14.700
11.100
7.500
3.900
±0.000
−0.650

轻钢安全玻璃雨篷由甲方另请有
专业资质的设计公司设计施工,会同

16450

深灰色外墙涂料

黑色分隔缝
宽20,深10

深灰色外墙涂料

深灰色外墙涂料

Ⓐ~Ⓗ立面图 1:100

注:分隔缝具体做法详03J930-1 $\frac{2}{210}$

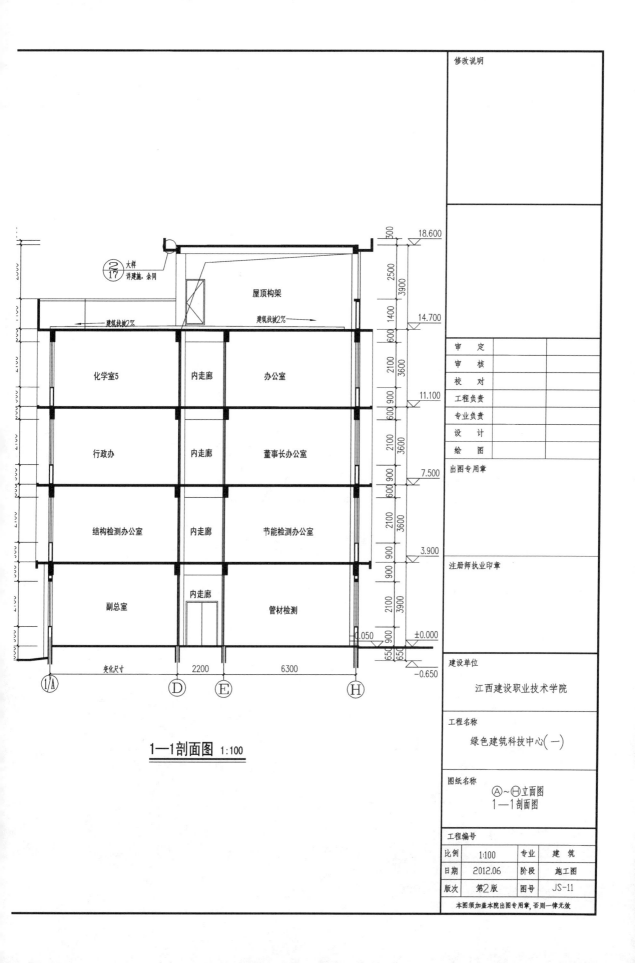

屋顶构架

② 大样
17 详建施，余同

建筑找坡2% ← → 建筑找坡2%

化学室5	内走廊	办公室
行政办	内走廊	董事长办公室
结构检测办公室	内走廊	节能检测办公室
副总室	内走廊	管材检测

变化尺寸　2200　6300

①/Ⓐ　Ⓓ　Ⓔ　Ⓗ

18.600
500
2500
3900
14.700
1400
600
2100
3600
11.100
600 900
2100
3600
7.500
600 900
2100
3600
3.900
600 900
2100
3900
±0.000
-0.050 900
650 650
-0.650

1—1剖面图 1:100

修改说明

审　定
审　核
校　对
工程负责
专业负责
设　计
绘　图

出图专用章

注册师执业印章

建设单位
江西建设职业技术学院

工程名称
绿色建筑科技中心（一）

图纸名称
Ⓐ~Ⓗ立面图
1—1剖面图

工程编号

比例	1:100	专业	建筑
日期	2012.06	阶段	施工图
版次	第2版	图号	JS-11

本图须加盖本院出图专用章，否则一律无效

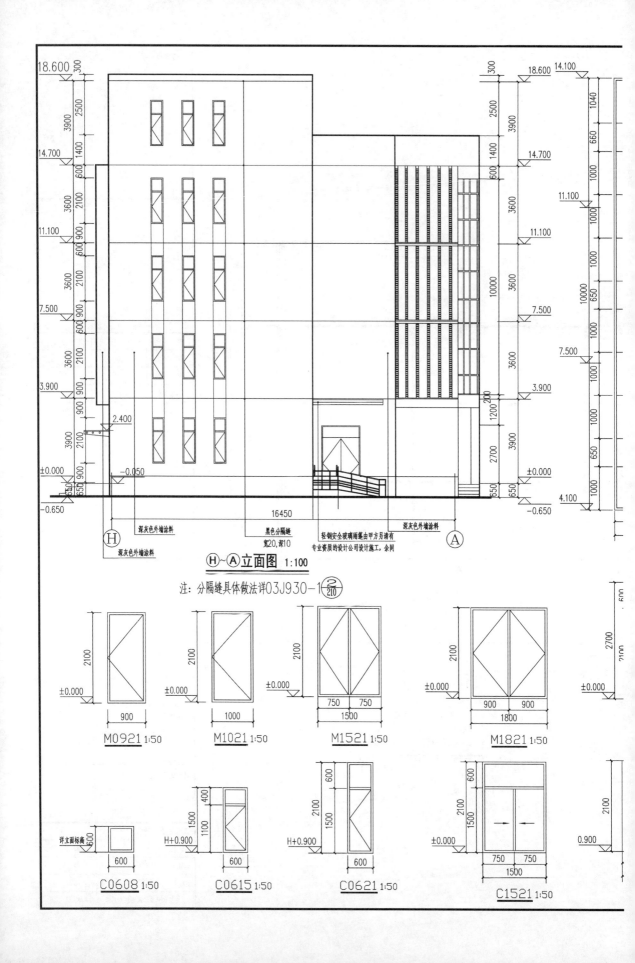

○H~○A 立面图 1:100

注: 分隔缝具体做法详03J930-1 ②/210

深灰色外墙涂料

黑色分隔缝
宽20,深10

轻钢安全玻璃雨篷由甲方另请有
专业资质的设计公司设计施工,余同

深灰色外墙涂料

16450

M0921 1:50

M1021 1:50

M1521 1:50

M1821 1:50

C0608 1:50

C0615 1:50

C0621 1:50

C1521 1:50

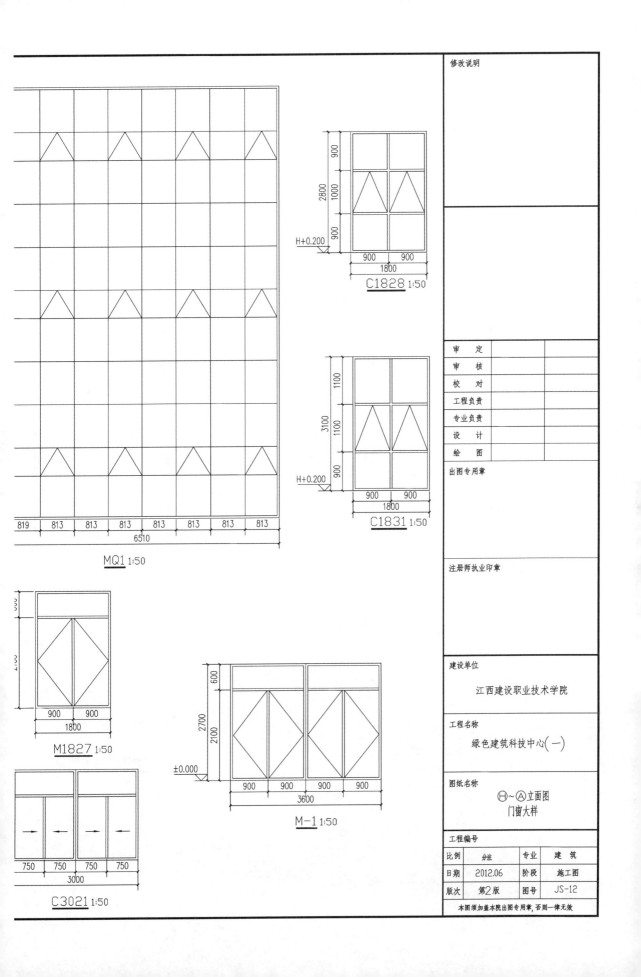

MQ1 1:50

819 | 813 | 813 | 813 | 813 | 813 | 813 | 813
6510

C1828 1:50
900
1000
900
2800
H+0.200
900 | 900
1800

C1831 1:50
1100
1100
900
3100
H+0.200
900 | 900
1800

M1827 1:50
900 | 900
1800

C3021 1:50
750 | 750 | 750 | 750
3000

M-1 1:50
600
2100
2700
±0.000
900 | 900 | 900 | 900
3600

修改说明

审　定
审　核
校　对
工程负责
专业负责
设　计
绘　图

出图专用章

注册师执业印章

建设单位
江西建设职业技术学院

工程名称
绿色建筑科技中心(一)

图纸名称
⊖~Ⓐ立面图
门窗大样

工程编号

比例	分注	专业	建　筑
日期	2012.06	阶段	施工图
版次	第2版	图号	JS-12

本图须加盖本院出图专用章,否则一律无效

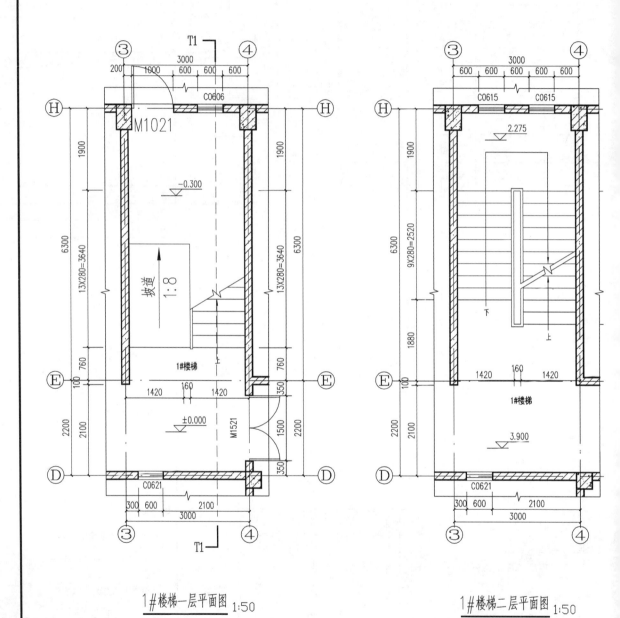

1#楼梯一层平面图 1:50

1#楼梯二层平面图 1:50

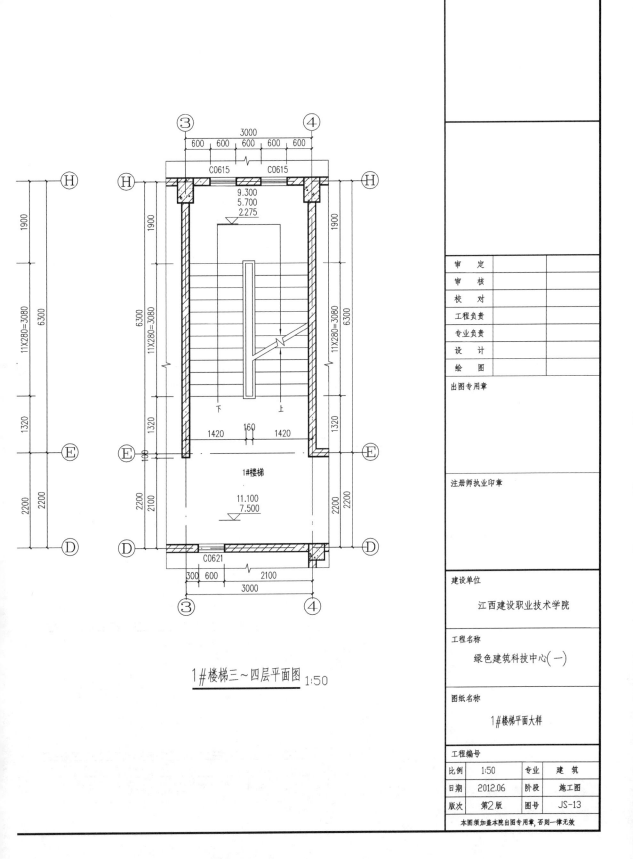

1#楼梯三~四层平面图 1:50

C0615   C0615

3000
600 600 600 600 600

9.300
5.700
2.275

1#楼梯

11.100
7.500

11X280=3080   6300   1900

1420 160 1420

11X280=3080   6300   1900

1320   2200

1320   2100   2200

1900   6300

2200   2200

C0621

300 600   2100
3000

修改说明

审　定
审　核
校　对
工程负责
专业负责
设　计
绘　图

出图专用章

注册师执业印章

建设单位
江西建设职业技术学院

工程名称
绿色建筑科技中心(一)

图纸名称
1#楼梯平面大样

工程编号

比例	1:50	专业	建　筑
日期	2012.06	阶段	施工图
版次	第2版	图号	JS-13

本图须加盖本院出图专用章,否则一律无效

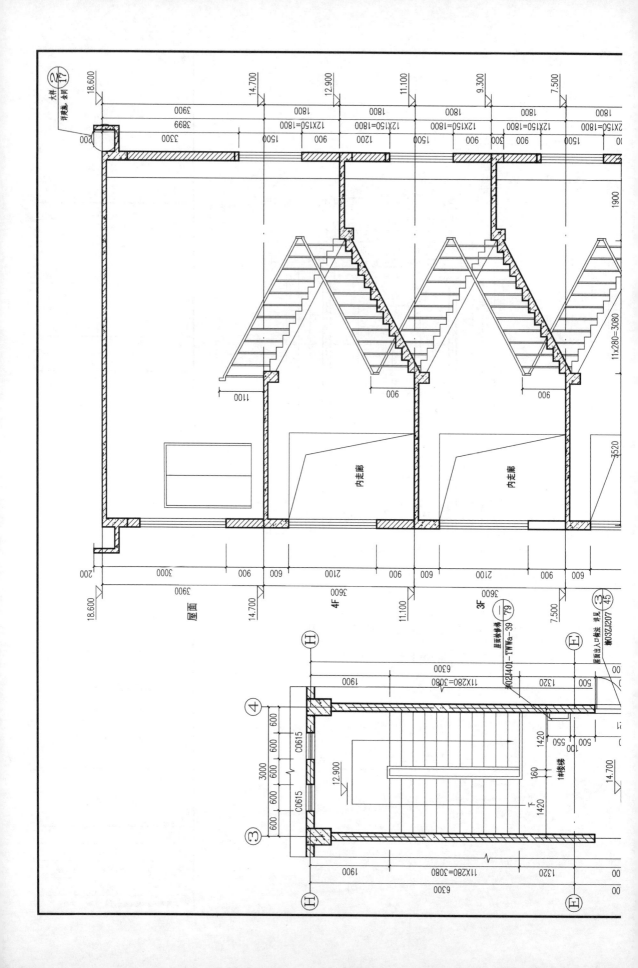

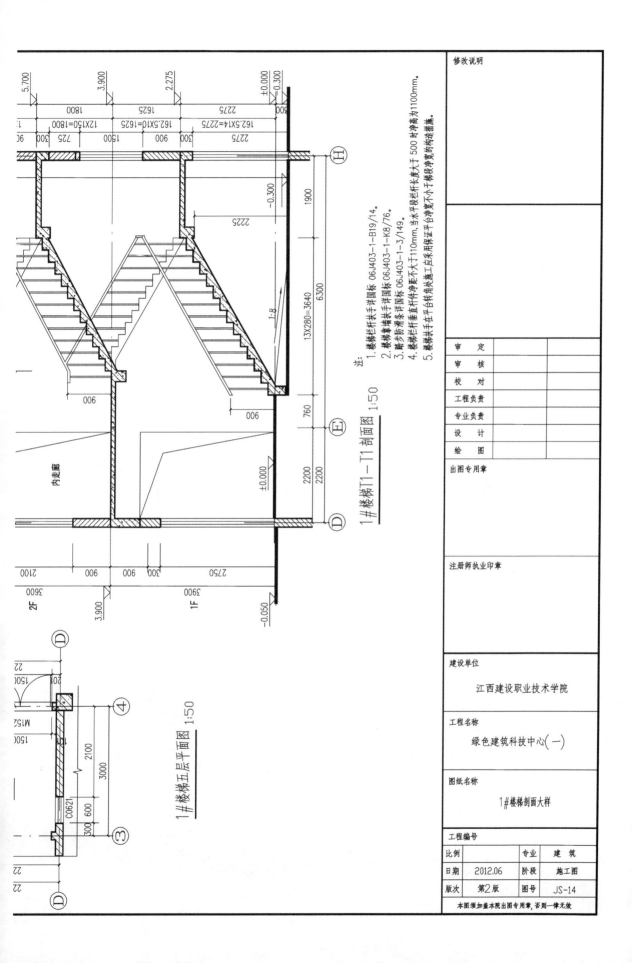

注:
1. 楼梯栏杆扶手详图国标 06J403-1-B19/14。
2. 楼梯靠墙扶手详图国标 06J403-1-K8/76。
3. 踏步防滑条详图国标 06J403-1-3/149。
4. 楼梯栏杆垂直杆件净距不大于110mm，当水平段栏杆长度大于500时净高为1100mm。
5. 楼梯扶手在平台转角处施工应采用保证平台净宽不小于梯段净宽的构造措施。

1#楼梯T1—T1剖面图 1:50

内走廊

1#楼梯五层平面图 1:50

修改说明

审   定
审   核
校   对
工程负责
专业负责
设   计
绘   图

出图专用章

注册师执业印章

建设单位
江西建设职业技术学院

工程名称
绿色建筑科技中心(一)

图纸名称
1#楼梯剖面大样

工程编号

比例		专业	建筑
日期	2012.06	阶段	施工图
版次	第2版	图号	JS-14

本图须加盖本院出图专用章，否则一律无效

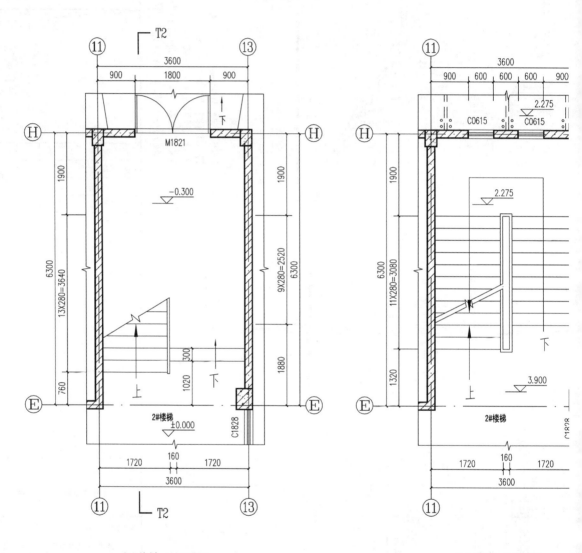

2#楼梯一层平面图 1:50

2#楼梯二层平面图 1:50

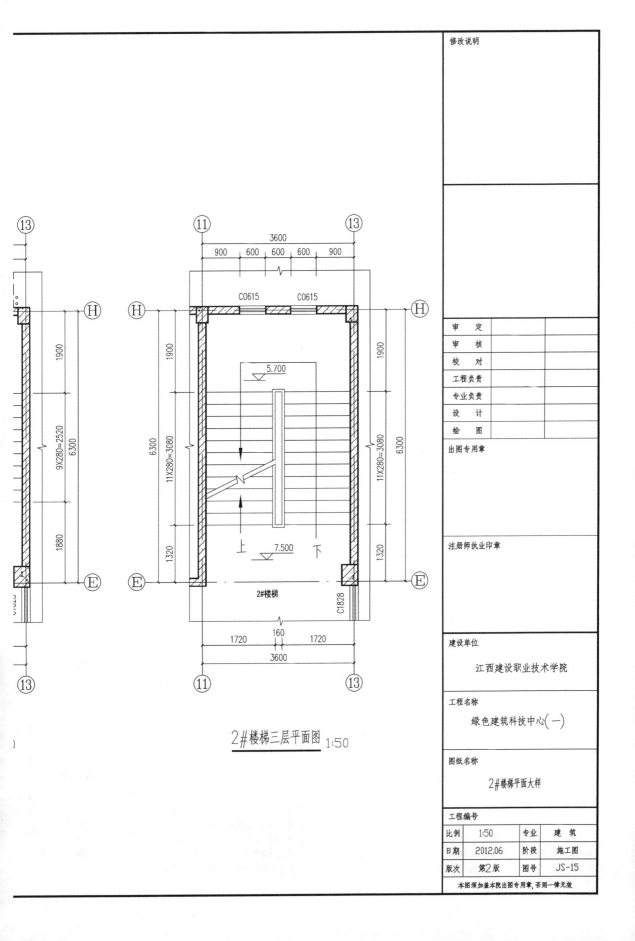

2#楼梯三层平面图 1:50

修改说明

审　定
审　核
校　对
工程负责
专业负责
设　计
绘　图
出图专用章

注册师执业印章

建设单位
江西建设职业技术学院

工程名称
绿色建筑科技中心(一)

图纸名称
2#楼梯平面大样

工程编号

比例	1:50	专业	建　筑
日期	2012.06	阶段	施工图
版次	第2版	图号	JS-15

本图须加盖本院出图专用章,否则一律无效

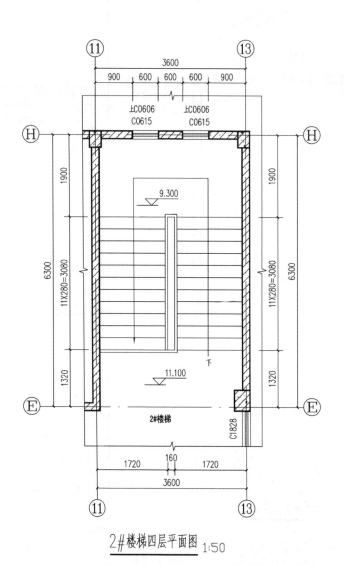

2#楼梯四层平面图 1:50

注:
1.楼梯栏杆扶手详国标06J403-1-B19/14。
2.楼梯靠墙扶手详国标06J403-1-K8/76。
3.踏步防滑条详国标06J403-1-3/149。
4.楼梯栏杆垂直杆件净距不大于110mm,当水平段栏杆长度大于500时净高为1100mm。
5.楼梯扶手在平台转角处施工应采用保证平台净宽不小于梯段净宽的构造措施。

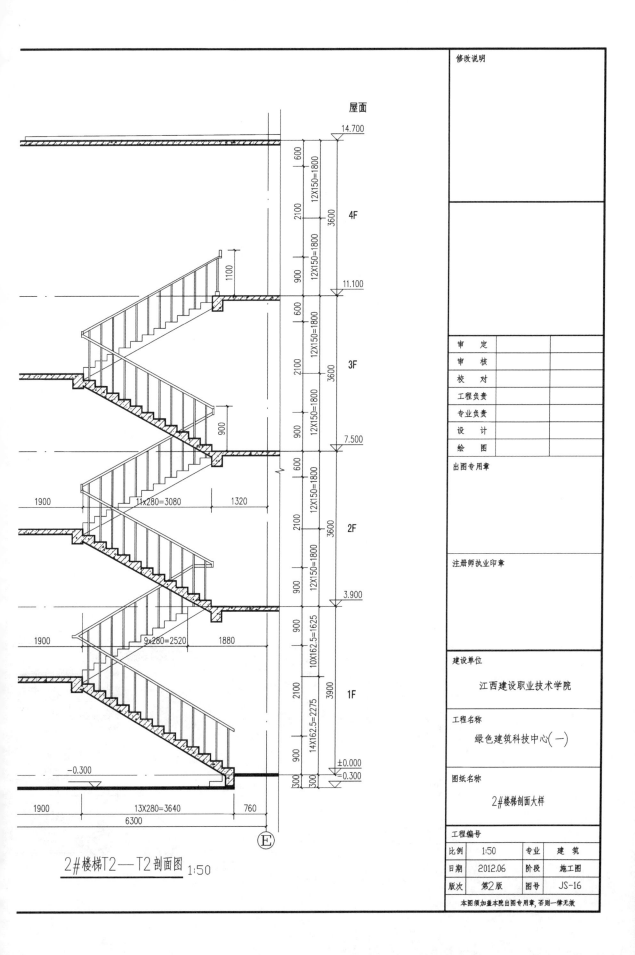

2#楼梯T2—T2剖面图 1:50

修改说明			
审　定			
审　核			
校　对			
工程负责			
专业负责			
设　计			
绘　图			
出图专用章			
注册师执业印章			
建设单位			
江西建设职业技术学院			
工程名称			
绿色建筑科技中心(一)			
图纸名称			
2#楼梯剖面大样			
工程编号			
比例	1:50	专业	建　筑
日期	2012.06	阶段	施工图
版次	第2版	图号	JS-16
本图须加盖本院出图专用章,否则一律无效			

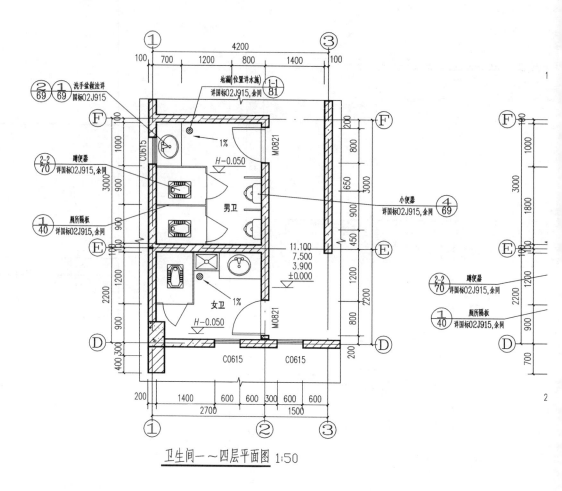

卫生间一~四层平面图 1:50

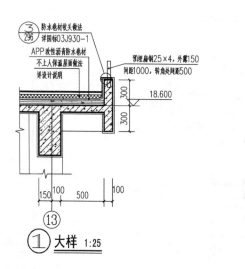

① 大样 1:25

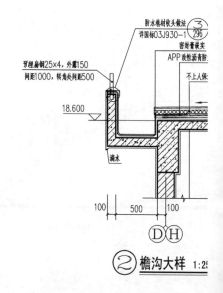

② 檐沟大样 1:25

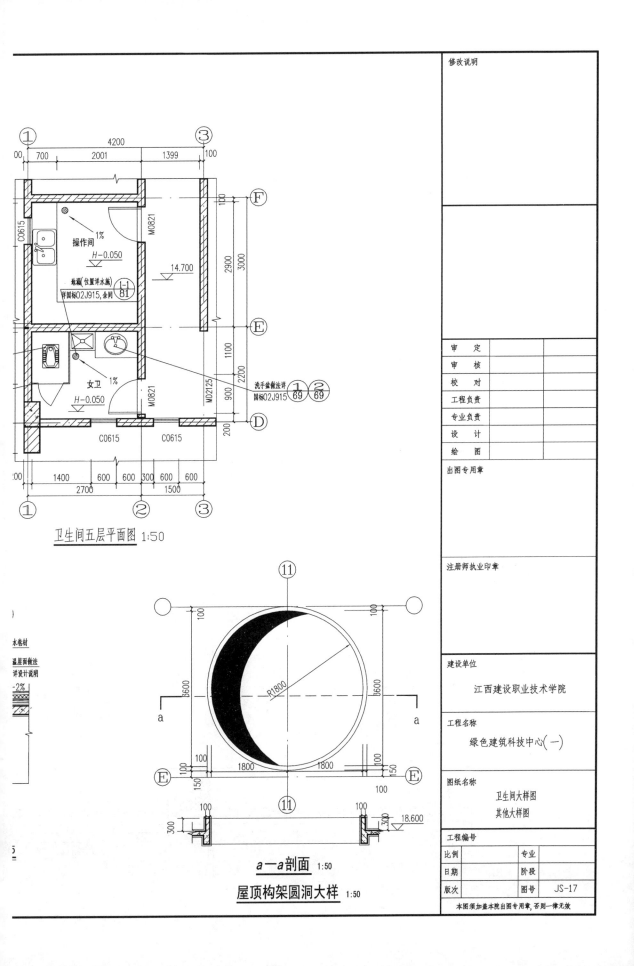

卫生间五层平面图 1:50

a—a剖面 1:50

屋顶构架圆洞大样 1:50

操作间
1%
H-0.050
地漏(位置详水施)
详国标02J915,余同 1-1 81
14.700
女卫
1%
H-0.050
洗手盆做法详
国标02J915 1 69 2 69

R1800

修改说明

审　　定
审　　核
校　　对
工程负责
专业负责
设　　计
绘　　图
出图专用章

注册师执业印章

建设单位
江西建设职业技术学院

工程名称
绿色建筑科技中心(一)

图纸名称
卫生间大样图
其他大样图

工程编号

比例		专业	
日期		阶段	
版次		图号	JS-17

本图须加盖本院出图专用章,否则一律无效

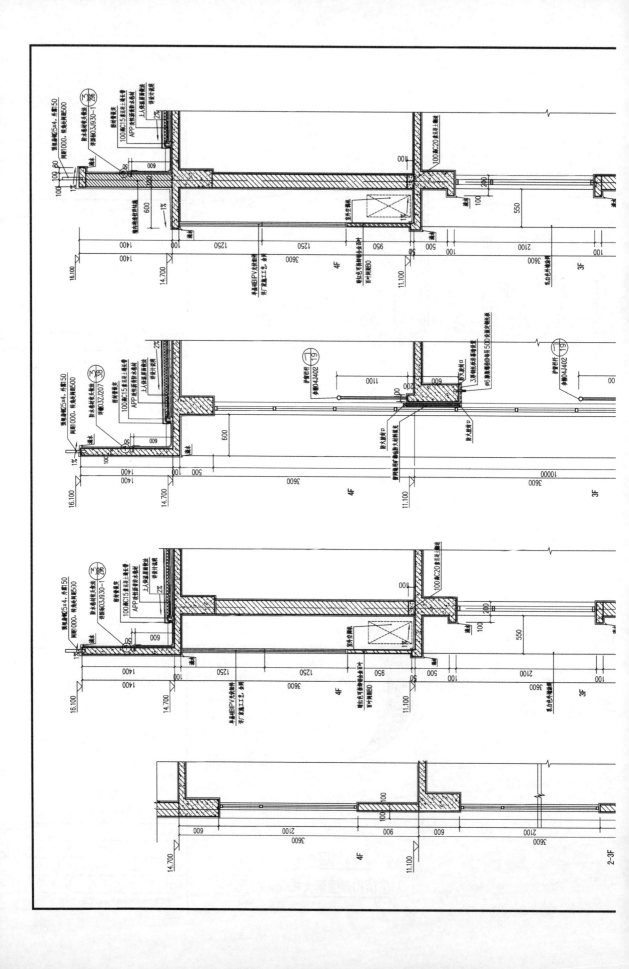

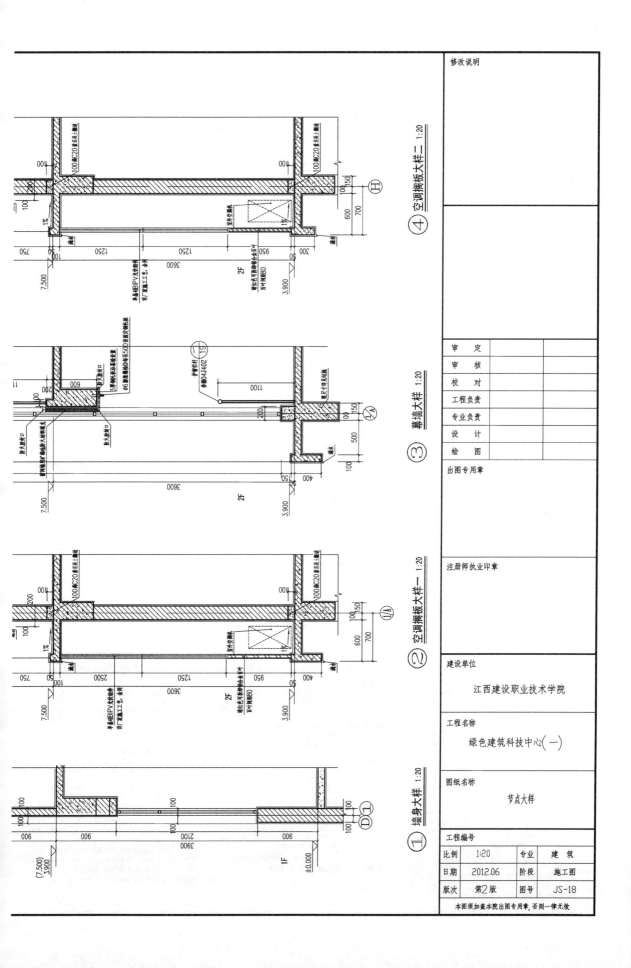

④ 空调搁板大样二 1:20

③ 幕墙大样 1:20

② 空调搁板大样一 1:20

① 墙身大样 1:20

修改说明		
审 定		
审 核		
校 对		
工程负责		
专业负责		
设 计		
绘 图		
出图专用章		
注册师执业印章		
建设单位		
江西建设职业技术学院		
工程名称		
绿色建筑科技中心(一)		
图纸名称		
节点大样		
工程编号		
比例	1:20	专业	建筑
日期	2012.06	阶段	施工图
版次	第2版	图号	JS-18

本图须加盖本院出图专用章,否则一律无效

结构设计总说明

（钢筋混凝土结构1.0版）

1. 工程概况

本项目基地位于江西省德安县城，

地上四层，采用框架结构，房屋高度为18.600m.

基础为人工挖孔灌注桩.

2. 设计依据

2.1 建筑结构的安全等级：　二级

2.2 设计使用年限：　50 年

2.3 建筑抗震设防类别：　标准设防类(丙类)

2.4 地基基础设计等级：　丙级　　建筑桩基设计等级：　丙级

2.5 结构设计耐火等级：　二级

2.6 自然条件

1）基本风压：　Wo= 0.45 kN/m²　　地面粗糙度：　B 类

2）场地地震基本烈度：　6 度　　抗震设防烈度：　6度

设计基本地震加速度：　0.05 g　　设计地震分组：　第一组

3）场地的工程地质条件（摘要）、地下水条件及场地类别

（1）本工程根据江西省设计研究院总院 2009.8提供的《江西职业新校区一期工程岩土工程勘察报告》进行设计.

（2）地形地貌：场地内地形地貌简单，无滑坡、崩塌、泥石流、地裂缝、地面塌陷等不良地质环境.

（3）地层岩性：地层岩性见下表（未注明者详地质勘察报告书）　　预制管桩

层号	岩性	fak（kPa）	Es1-2（MPa）	φ（℃）	C（kPa）	csik（kPa）	qpk（KPa）
①	素填土					0	
②	粉质粘土1					55	
③	粉质粘土2					25	
④	细砂					35	
⑤	圆砾	6000				180	
⑥	强风化泥质粉砂岩						

（4）地下水：

场地地下水主要为上层滞水，基岩裂隙水，

地下水对混凝土结构具有弱腐蚀性，对钢筋混凝土结构无腐蚀性.

场地土对凝土结构及钢筋混凝土结构中的钢筋具有弱腐蚀性，对钢筋混凝土结构无腐蚀性

（5）地土类型及建筑场地类别：场地土类型为软弱土~坚硬土，建筑场地类别为Ⅱ类

（6）场地地震安全性评价报告、风洞试验报告、初步设计的审查批复文件等（必要时提供）

3. 本工程相对标高±0.000相当于绝对标高另详建筑总说明

4. 本工程设计遵循的标准、规范、规程

1）《建筑结构可靠度设计统一标准》　（GB 50068-2008）

2）《建筑结构荷载规范》（06版）　（GB 50009-2001）

3）《混凝土结构设计规范》　（GB 50010-2010）

4）《建筑抗震设计规范》　（GB 50011-2010）

5）《建筑工程抗震设防分类标准》　（GB 50223-2008）

6）《建筑地基基础设计规范》　（GB 50007-2002）

7）《高层建筑混凝土结构技术规程》　（JGJ 3-2010）

8）《建筑桩基技术规范》　（JGJ 94-2008）

9）《混凝土异形柱结构技术规程》　（JGJ 149-2006）

10）《工程建设标准强制性条文（房屋建筑部分）2009年版》.

本工程按现行国家设计标准进行设计，施工时除应遵守本说明及各设计图纸说明外，尚应严格执行现行国家及工程所在地区的有关规范或章程.

5. 本工程设计计算所采用的计算程序

1）主体结构采用中国建筑科学研究院"多层及高层建筑结构空间有限元分析与设计软件—SATWE"（2010.03版）计算.

6. 设计采用的均布活荷载标准值

部　位	活荷载 kN/m²	组合值系数	频遇值系数	准永久值系数
上人屋面	2.0	0.7	0.5	0.4
不上人屋面	0.5	0.7	0.5	0
卧室、起居、厨房、卫生间	2.0	0.7	0.5	0.4
挑出阳台	2.5	0.7	0.6	0.5
疏散楼梯	3.5	0.7	0.6	0.5
商业网点	3.5	0.7	0.6	0.5
机房	7.0	0.9	0.9	0.8

注：未经鉴定及本工程设计人员核对，不得改变建筑使用环境和用途，施工和使用过程中活荷载不得超过表格内的数值.

7. 主要结构材料

1）混凝土：

结构单元名称	构件部位	混凝土强度等级	备注
	基础　柱	C30	
	基础梁　梁	C30	
	二层以上梁	C25	
所有项目	基础垫层	C15	
	圈梁、构造柱、现浇过梁	C25	
	标准构件		按标准图要求
	后浇带		采用高一级的膨胀混凝土

注：地下室混凝土最大碱含量应小于3kg/m³，最大氯离子含量应小于0.1%，最小水泥用量300 kg/m³；地上工程混凝土最大氯离子含量应小于1.0%，最小水泥用量225kg/m³；预应力构件混凝土中的最大氯离子含量应小于0.06%，最小水泥用量300 kg/m³.

2）砌体：

砌体部位	砌块名称	砌块强度等级	砂浆强度等级	备注
外墙及卫生间墙	烧结多孔砖	MU10	M5	1.多孔砖重度≤17kN/m³.
间隔墙	加气混凝土砌块	A3.5	Mb5	2.轻质砌块重度≤8kN/m³. 3.轻质砌块干燥收缩率不超过 0.4~0.5mm/m
楼梯间墙	加气混凝土砌块	A3.5	Mb5	4.砂浆为水泥石灰混合砂浆

注：±0.000以下采用烧结多孔砖，强度等级MU10.0；砂浆采用强度等级M7.5水泥砂浆砌筑及灌孔.
框架填充墙砌体部分按施工质量等级为B级进行设计.

3）钢筋及钢材

（1）钢筋采用HPB300级（Φ），fy=270；HRB335级（Φ），fy=300；HRB400级（Φ），fy=400. 其中一、二级抗震等级构件纵向受力钢筋的抗拉强度实测值与屈服强度实测值的比值不应小于1.25；钢筋的屈服强度实测值与强度标准值的比值不应大于1.3，且钢筋在最大拉力下的总伸长率实测值不应小于9%.

（2）吊钩，吊环均采用HPB300级钢筋，不得采用冷加工钢筋.

（3）当需要以强度等级较高的钢筋替代原设计中的纵向受力钢筋时，应按照钢筋承载能力设计值相等的原则换算，并应满足最小配筋率、抗裂验算等要求.

4）焊条

HPB235钢筋采用E4303型，HRB335钢筋采用E5003　，HRRB400钢筋采用E5503型，钢筋与型钢焊接随钢筋定焊条.

8. 地基基础部分

1）本工程基础采用 人工挖孔灌注桩基础.

2）本工程钢筋混凝土基础下的垫层，除图中注明外，均为100厚，每边比基础均放出100，强度等级为C20.

3）基础施工前应进行钎探、验槽，若发现地质实际情况与设计要求不符，须通知设计人员及地质勘察工程师共同研究处理.

9. 钢筋混凝土结构构造

1）本工程采用国家标准图《混凝土结构施工图平面整体表示方法制图规则和构造详图11G101-1》的表示方法. 施工图中未注明的构造要求应该按照标准图的有关要求执行.

2）本工程混凝土主体结构体系类型及抗震等级见下表：

结构单元名称	结构类型	抗震墙抗震等级	框支框架抗震等级	框架抗震等级	底部加强区范围
	框架	四			

附注：短肢剪力墙（局部较少）抗震等级提高一级.

3）受力钢筋的混凝土保护层厚度

（1）卫生间、浴室、盥洗室、雨篷、屋面构件，按图集11G101-1中二a类环境构件取值，其他部位构件按图集11G101-1第54页室内正常环境取值. 除满足图集要求外且不小于受力钢筋直径.

（2）基础、水池、地下室侧墙、底板等构件详基础说明.

（3）板、墙中的分布钢筋的保护层厚度不应小于图集中相应的数值减10mm，且不小于10mm，梁、柱中箍筋和构造钢筋的保护层厚度不应小于15mm.

（4）剪力墙连梁钢筋的混凝土保护层厚度按梁的要求处理，暗柱的主筋保护层按剪力墙的水平分布筋或暗柱的箍筋满足保护层的要求后向内排列.

4）钢筋接头形式及要求：

（1）框架梁、框架柱、剪力墙暗柱主筋采用焊接接头，其余构件当受力钢筋直径 d≥22 时，应采用焊接接头，当受力钢筋直径 d<22 时，可采用焊接接头或绑扎搭接连接接头.

（2）接头位置宜设置在受力较小处，在同一根钢筋上宜少设接头.

（3）受力钢筋接头的位置应相互错开，当采用机械接头时，在任一35d且不小于500mm区段内，和当采用绑扎搭接接头时，在任一1.3倍搭接长度的区段内，有接头的受力钢筋截面面积占受力钢筋总截面面积的百分率应符合下表要求：

接头形式	受拉区接头数量（%）	受压区接头数量（%）
机械连接	50	不限
绑扎连接	25	50

5）纵向钢筋的锚固长度、搭接长度：

（1）纵向钢筋的锚固长度

钢筋种类	非抗震锚固长度 抗震锚固长度	混凝土强度等级				
		C20	C25	C30	C35	C40
HPB235	La	31d	27d	24d	22d	20d
	LaE 一、二级抗震等级	36d	31d	27d	25d	23d
	LaE 三级抗震等级	33d	28d	25d	23d	21d
HRB335	La	39d	34d	30d	27d	25d
	LaE 一、二级抗震等级	44d	38d	34d	31d	29d
	LaE 三级抗震等级	41d	35d	31d	29d	26d
HRB400	La	46d	40d	36d	33d	30d
	LaE 一、二级抗震等级	53d	46d	41d	37d	34d
	LaE 三级抗震等级	49d	42d	37d	34d	31d

（2）纵向钢筋的搭接长度

纵向钢筋的搭接接头百分率	≤25	50	100
纵向受拉钢筋的搭接长度	1.2la（LaE）	1.4la（LaE）	1.6la（LaE）
纵向受压钢筋的搭接长度	0.85la（LaE）	1.0la（LaE）	1.13la（LaE）

同时，受拉钢筋搭接长度不应小于300mm，受压钢筋搭接长度不应小于200mm.

（3）当锚固条件受限时，可采用机械锚固措施，构造详11G101-1第55页.

（4）梁、柱、剪力墙箍筋和拉筋弯钩构造应满足11G101-1第55页要求.

6）现浇钢筋混凝土板

除具体施工图中有特别规定者外，现浇钢筋混凝土板的施工应符合以下要求：

（1）板的底部钢筋伸入支座长度应≥5d，且应伸入到支座中心线.

（2）板的边支座和中间支座板顶标高不同时，负筋在梁或墙内的锚固应满足受拉钢筋最小锚固长度 la.

（3）双向板的底部钢筋，短跨钢筋置于下排，长跨钢筋置于上排.

（4）当板底与梁底平时，板的下部钢筋伸入梁内须弯折后置于梁的下部纵向钢筋之上.

（5）板上孔洞应预留，施工时各工种必须根据各专业图纸配合土建预留全部孔洞，不得后凿. 当孔洞尺寸≤300mm时，洞边不再另加钢筋，板内外钢筋由洞边绕过，见图一. 当洞口尺>300mm且平面图未注明时，应按图二要求在受力钢筋上部增设加强钢筋.

（6）应在房屋四角及屋顶上部按图三要求加设附加钢筋网片.

（7）屋面板（包括楼层）挑檐转角外应按图四要求，加设斜向构造钢筋.

（8）建筑标高与结构标高的差值详建施总说明6.2室内装修及其他做法

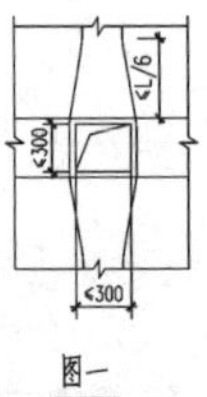

图一

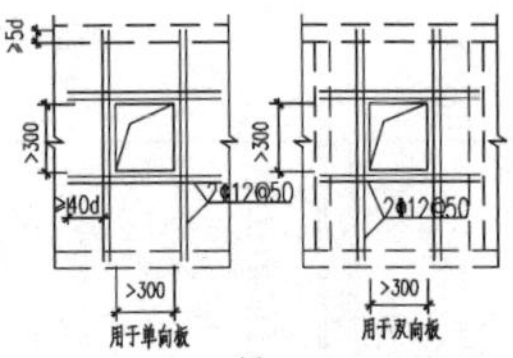

图二

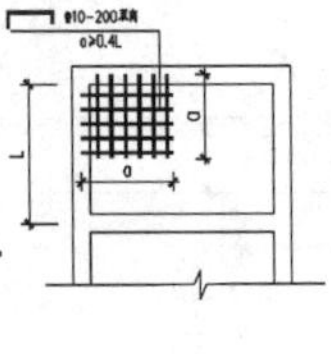

图三 房屋四角楼板

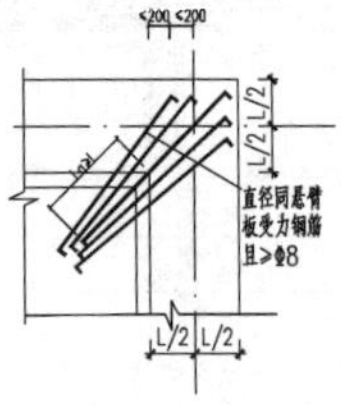

图四 屋面（楼面）板挑檐转角

（9）图中注明的后浇板，当注明配筋时，钢筋不断；未注明配筋时，均双向配Φ10@200置于板底，待设备安装完毕后，再用同强度等级的混凝土浇筑，板厚同周围板.

（10）对于外露的现浇钢筋混凝土女儿墙、挂板、栏板、檐口等构件，当其水平直线长度超过12m时，应按图五设置伸缩缝. 伸缩缝间距≤12m.

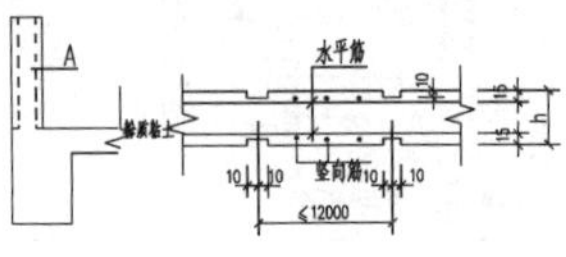

图五　　A–A

（11）板跨度 L≥4m 或悬挑板悬挑长度 L≥2m时，要求板跨中起拱 L/400.

（12）配有双层钢筋的一般楼板，均应加设支撑钢筋. 支撑钢筋型式可用 ，Φ8 钢筋制成，每平方米设置一个. 地下室底板则用 .

7）钢筋混凝土梁：

（1）梁内箍筋、附加箍筋及吊筋等构造详11G101-1第85~91页.

（2）框架梁内纵向钢筋绑扎搭接接头范围内，箍筋加密至间距100.

（3）主梁内在次梁作用处，箍筋应贯通布置，凡未在次梁两侧注明箍筋者，均在主梁上次梁两侧各设3组箍筋，箍筋肢数、直径同梁箍筋，间距50mm. 梁吊筋详梁配筋图标注.

（4）主次梁高度相同时，次梁的下部纵向钢筋应置于主梁下部纵向钢筋之上.

（5）梁的纵向钢筋需要设置接头时，底部钢筋应在距支座1/3跨度范围内接头，上部钢筋应在跨中1/3跨度范围内接头. 同一接头范围内的接头数量不应超过总钢筋数量的50%.

（6）在梁跨中开不大于ø150的洞，在具体设计中未说明做法时，洞的位置应在梁跨中的2/3范围内，梁高的中间1/3范围内. 洞边及洞上下的配筋见图六. 设备管线需要在梁侧开洞或埋设件时，应严格按设计图纸要求设置. 在浇灌混凝土之前经检查符合设计要求后方可施工，孔洞不得后凿.

（7）梁跨度 L≥于4m 或悬臂梁悬挑长度 L≥2m时，模板按施工规范起拱.

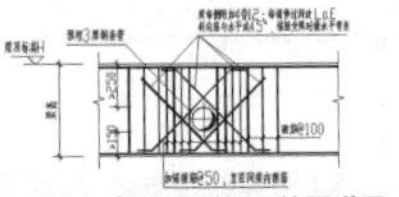

图六 梁上圆形洞口补强详图一

用于洞口直径 d<100

8）钢筋混凝土柱

（1）柱纵筋构造详11G101-1第57~66页.

（2）柱箍筋构造详11G101-1第67页.

（3）柱应按建筑施工图中填充墙的位置预留拉结筋.

（4）柱与现浇过梁、圈梁连接处，在柱内应预留钢筋，钢筋伸出柱外皮长度为1.2la（laE），锚入柱内长度为 la（laE）

9）钢筋混凝土剪力墙

（1）钢筋混凝土墙水平钢筋构造详11G101-1 第68页.

（2）钢筋混凝土墙竖向钢筋构造详11G101-1第69、70页.

（3）钢筋混凝土墙连梁、暗梁配筋构造详《11G101-1》第74页. 连梁、暗梁截面及配筋详各层梁配筋图.

（4）墙边或墙端与砖墙连接处应沿墙高每隔500预留2Φ6水平筋，锚入墙内200，其外伸长度抗震设计时为通长，非抗震设计时为500，预埋筋两端均弯成直钩.

（5）墙体混凝土应沿高度分层浇灌，分层震捣，每层浇灌高度不得超过1000；剪力墙水平施工缝一般设在每层楼梁底或板板底面处及楼标高处.

（6）除详图注明者外，剪力墙圆形洞口的补强纵筋布置详《11G101-1》第78页，每边补强纵筋直径为2Φ12（D≤300）、2Φ14（300<D≤500）或2Φ16（<500<D≤800）.

（7）除详图注明者外，剪力墙连梁圆形洞口的尺寸要求及补强纵筋布置详11G101-1第78页，洞口上、下补强纵筋各为2Φ14，补强箍筋直径、间距同连梁箍筋且不小于Φ8@100. 洞口两侧第一根箍筋直径应比连梁箍直径大2mm.

（8）电梯井门边和门顶留孔构造如图七（孔口尺寸及留孔位置由厂家提供）.

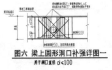

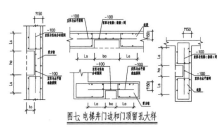

图七 电梯井门边和门顶留孔大样

10）当柱混凝土强度等级高于梁混凝土一个等级时，梁柱节点处混凝土可随梁混凝土等级浇筑。当混凝土强度等级高于梁混凝土两个等级时，梁柱节点处混凝土应比柱混凝土强度等级低。此时，应先浇筑柱的高等级混凝土，然后再浇梁板的低等级混凝土。也可同时浇注，但应特别注意，应使梁高等级混凝土扩散到高等级混凝土的结构部位中去，以确保高等级混凝土结构质量。柱高等级混凝土浇筑范围见图八。

图八 梁柱混凝土强度等级不同构造

11）施工缝、后浇带

（1）留置施工缝处的混凝土必须振捣密实，但要求表面平整，一直保持润湿养护状态，浇筑施工缝处混凝土前，必须彻底清理施工缝处混凝土，并用压力水冲洗干净，充分湿润，刷高一等级素水泥一道再进行浇筑。

（2）在墙柱根处浇筑混凝土时，已浇筑的混凝土抗压强度不低于1.2MPa且不小于留置混凝土工程后48小时以上，不得破坏已浇混凝土的初凝面。

（3）后浇带须留置60天后补浇，浇筑混凝土前，必须彻底清理后浇带，并用压力水冲洗干净，充分湿润，刷高一级水泥浆，采用比原设计强度等级高一等级的无收缩微膨胀混凝土浇筑，并加强养护。

（4）后浇带设置详各层平面图，构造详图见11G101—1第98页，大样图见图九和图十一。

（5）梁、板后浇带设置全部必须断开，次梁后浇带处上部钢筋及底部钢筋不得搭接，底筋不得断开；主梁后浇带处钢筋均必须不断开。

（6）后浇带两侧向内倾斜45°角的混凝土须支撑，并不得随意承载，以免改变结构的受力状态。在未采取有效措施之前，支撑应在后浇带混凝土达到原设计混凝土强度等级的100%后方可拆除。

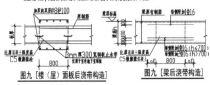

图九（楼（屋）面板后浇带构造）　图九（梁后浇带构造）

12）填充墙

（1）填充墙的材料、平面位置见建筑图，不得随意更改。

（2）当底层填充墙下无基础或结构拉梁时，墙下应设拉梁，基础作法详见图十。

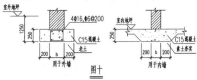

图十

（3）当砌体墙的水平长度大于5m和需加墙或非承重丁字墙、转角墙处或非丁字墙根部没有钢筋混凝土墙柱GZ时，应在墙中间或转角部增设构造柱GZ。构造柱须与砌体连浇，砌体墙与构造柱连接要刷成马牙槎（详图①），墙身每隔500或2φ6砌入人墙的拉结筋，沿墙高度方向布筋，7度时为700且不小于墙长的1/5。构造柱的混凝土强度等级应不低于C20，未注明的构造柱截面均为墙厚×300；至顶4φ12；箍筋φ6@200，其拉筋及砌体主体结构内预埋4φ12竖筋，该竖筋伸入主体结构和砌体内均500。施工时需先砌筑构造柱，后与主体的拉结筋应在砌浇时预埋。

（4）墙高度大于4m或200时和高度大于3m时砌体，需在墙平面或门窗洞口高处设置与墙柱相连且沿墙全长贯通的钢筋混凝土水平系梁，高度≥200时，梁截面200X300，配筋4φ12，箍筋φ6@200；墙厚100时，梁截面为100X250，配筋2φ12，φ6@150的箍筋，纵筋伸入柱内不小于35d，墙梁混凝土强度等级为≥C20。填充墙的构造应符合相应的施工规范要求。

（5）钢筋混凝土墙或墙高大于2φ6钢筋连接，钢筋伸入钢筋混凝土墙或结构柱内预埋500深，墙厚为混凝土或墙的200，拉筋埋入墙内的长度；非抗震设防为500，抗震设防为弯起或墙长时要墙锚长不足上述长度，则将墙端弯起，末末端折弯。

（6）填充墙砌至接近梁底或板底时，应留一定留置，待填充墙砌筑或内至少间隔7天后，再将其斜砌挤紧，不到板或梁底空隙的分必须加灰压实填满。

（7）填充墙砌过梁可根据墙各图的洞口尺寸计表选用，当洞口是钢筋混凝土墙或构造柱墙，过梁应与墙现浇。施工中时，应按相应的梁配筋，在柱（墙）内预埋插筋。

门窗洞口宽度表

门窗洞口宽度	<1200		>1200且≤1500		>1500且<2400	
过梁 bXh	bX150		bX180		bX300	
层楼 配筋	①	②	①	②	①	②
b=150	2φ10	2φ10	2φ10	2φ14	2φ10	2φ14
150<b≤240	2φ10	3φ10	2φ10	3φ14	2φ10	3φ14
b=300	2φ10	4φ10	2φ10	4φ14	2φ10	4φ14

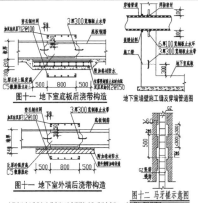

图十一 地下室底板后浇带构造

图十一 地下室外墙后浇带构造

地下室墙壁施工缝及穿墙管道图

图十二 马牙槎示意图

（8）电梯井井壁为构体构造，其外墙四角应设置构造柱，竖向每隔2m门项设置置圈梁。

（9）墙体模板与钢筋混凝土构件连接处墙体内有关规程止在浇灌混凝土层时的设置钢筋孔同。

（10）填充墙中散设管线时，采用机械切割开槽，散设完毕在槽间铺设钢筋网，然后抹灰找平。

（11）楼梯间和人道墙的填充墙，采用钢筋网铺双面至底部。

（12）火墙墙柱配：面宜不高于600的为端墙尖砌筑，其布置。丁字角及多肢墙长每3.6m左右设置一个构造柱（转角位设置）。

（13）对于凸出混凝土墙面不大于120的墙肢（如门窗墙垛），可用墙代替，与一起浇捣。

（14）砌体填充墙地梁标高（底）或比平200，砌筑高应至标高或底心砌填与墙浇。砌体填充墙长大于5m时，墙中及梁底设置φ6钢筋加固。

13）其他

（1）预埋：建筑给排水、门窗安装、卫生器具、栏杆、电缆、其他管线吊架等与结构相关时，各工种应密切配合，避免错漏或留偏。

（2）可设置预埋螺栓的部位（除要紧范围）外的楼板：梁上部（h）中部1/3h端侧面；钢筋混凝土墙标梁柱以外的部位。禁止设置膨胀螺栓的部位为：梁、钢筋混凝土墙的部位：梁底上部（h）上下F1/3h的梁锚固范围内。上述禁止设置膨胀螺栓部位如需连接时，必须设置预埋件连接。

（3）主体结构构件与建筑幕墙结构连接必须采用预埋件、焊接螺栓或化学螺栓，不得采用钢制膨胀螺栓。采用化学螺栓连接时应通过试验核定其承载力。

10.其他

1）本工程图示尺寸以毫米（mm）为单位，标高以米（m）为单位。

2）防雷接地做法详见电气施工图。

3）设备定位与土建关系：

（1）电梯定位必须符合本图所提供的电梯产品尺寸，门洞尺寸以及建筑图纸的电梯机房设计。门洞边的预埋件、电梯机房顶板、楼梯吊钩，需待电梯定货后，核实无误后方施工。

（2）地下室设备基础须待设备定货后再行设计施工。

4）梁板、墙、柱混凝土浇筑前，应检查钢筋的直径、数量、预埋件、预埋孔、防雷接地钢材线等其位置，核实无误后，方可浇筑混凝土。

5）对钢筋布置较密的部位，应认真振捣，以保证砼浇注，应采取措施，切实捣固密实。

6）悬挑构件的梁、层面后浇带两侧构件需待砼设计强度的100%方可拆其模和承重，渗漏混凝土待强度的70%方能拆模。

7）凡有裸露构件其表面均需抹防渗涂二道，面涂详细施工，并经常注意维护。

8）本图未尽事宜，应按照现行的相应规范、规程执行。

9）施工与观测过程中如有质疑时，施工单位应提出，应先通知本院，以便出图解决。设计变更应经本工程设计人员、审查人员批准，并出具施工及技术核定单后方可施工。

10）沉降及基坑回填观测：

（1）本工程应设沉降观测点，在本工程施工阶段设专人定期观测，每施工完毕至四层楼一次沉降观测，工完后一年的每隔三至六个月观测一次，一年后每隔六至十二个月观测一次，直至沉降稳定为止，各观测日期做记录并绘成图表存档，如发现异常情况应如有反常。混凝土设沉降观测的月保所应与地下《地基与基础施工及验收规范》（GBJ202—83）的有关规定。观测点位置见图十三。

（2）本工程基坑开挖后，应待有关专业进行回弹观测。

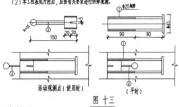

图十三

11.构件代号：

名称	代号
基础主梁	JZL
基础次梁	JCL
非框架梁	L
屋面梁	XL
框架梁	KL
屋面框架梁	WKL
框架柱	KZ
剪力墙暗柱	AZ
楼梯板	TB
楼梯梁	TL
构造柱	GZ
梯柱	TZ
平台梁	PL
预埋件	M

修改说明

审定
审核
校对
工程负责
专业负责
设计
绘图
出图专用章

注册师执业印章

建设单位　江西建设职业技术学院

工程名称　绿色建筑科技大楼

图纸名称　结构设计总说明

工程编号
比例　　　专业
日期　　　阶段
版次　　　图号

本图须加盖本院出图专用章，否则一律无效

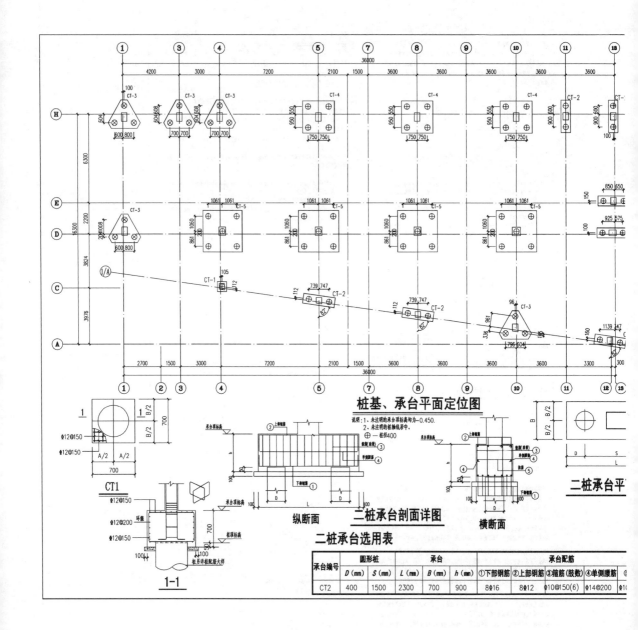

桩基、承台平面定位图

说明：1、未注明的承台顶标高均为−0.450.
2、未注明的桩轴线居中。
⊕—桩径400

纵断面

二桩承台剖面详图

横断面

二桩承台选用表

承台编号	圆形桩		承台			承台配筋			
	D (mm)	S (mm)	L (mm)	B (mm)	h (mm)	①下部钢筋	②上部钢筋	③箍筋(肢数)	④单侧腰筋
CT2	400	1500	2300	700	900	8Φ16	8Φ12	Φ10@150(6)	Φ14@200

CT1

1-1

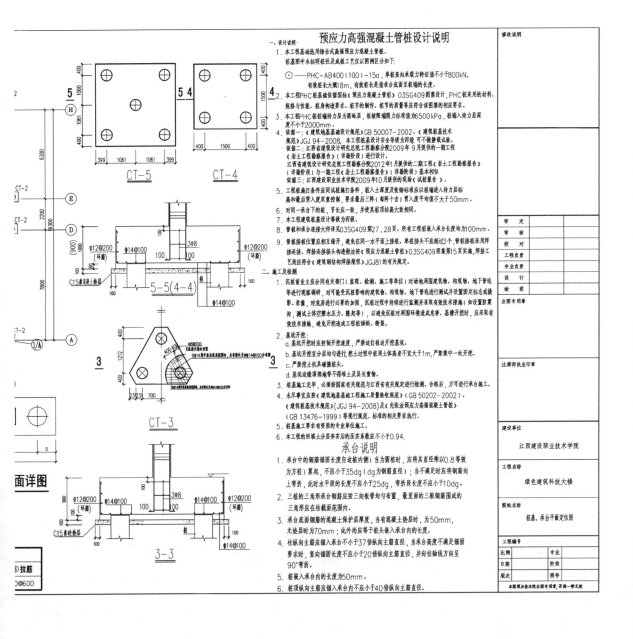

预应力高强混凝土管桩设计说明

一、设计说明：

1. 本工程基础选用锤击式高强预应力混凝土管桩。
   桩基图中未标明桩径及成桩工艺仅以图例区分如下：

   ⊙—PHC-AB400（100）-15a，单桩竖向承载力特征值不小于800kN。
   有效桩长大概18m，有效桩长是指桩底面至桩端的长度。

2. 本工程PHC桩基础依据国标《预应力混凝土管桩》03SG409图集设计，PHC桩采用的材料、规格与性能、桩基构造要求、桩节的制作、桩节的质量等应符合该图集的相应要求。

3. 本工程PHC桩桩端持力层为圆砾层，桩根限端阻力标准值为6500kPa，桩端入持力层深度不小于2000mm。

4. 依据一：《建筑地基基础设计规范》GB 50007-2002、《建筑桩基技术规范》JGJ 94-2008，本工程桩基设计安全等级为两级，可不做静载试验。
   依据二：江西省建筑设计研究总院分院2009年9月提供的一期工程《岩土工程勘察报告》（详勘阶段）进行设计。
   江西省建筑设计研究总院工程勘察分院2012年1月提供的二期工程《岩土工程勘察报告》（详勘阶段）与一期工程《岩土工程勘察报告》（详勘阶段）基本相似。
   依据三：江西建设职业技术学院2009年10月提供的现场《试桩报告》。

5. 工程桩施工时应同测桩地质条件，桩入深度及收锤标准应以桩端进入持力层标高和最后贯入度双重控制，要求最后三阵（每阵十击）贯入度平均值不大于50mm。

6. 对同一承台下的桩，桩长应一致，并使其桩顶标高大致相同。

7. 本工程建筑桩基设计等级为丙级。

8. 管桩和桩连接大样见03SG409第27、28页。所有工程桩嵌入承台长度均为100mm。

9. 管桩接桩位置应相互错开，避免在同一水平面上接桩。单桩接头不应超过3个，管桩接桩应采用焊接连接。焊接连接接头构造做法按《预应力混凝土管桩》03SG409图集第15页实施，焊接工艺应向符合《建筑钢结构焊接规程》JGJ81的有关规定。

二、施工及检测：

1. 沉桩前应由业主会同有关部门（监理、检测、施工等单位）对场地周围建筑物、构筑物、地下管线等进行现场调研，对可能受沉降影响的建筑物、构筑物、地下管线进行测试并进行固定标志或摄影、录像，对危房进行必要的加固。沉桩过程中接继进行测试并采取有效技术措施（如设置防震沟、测试土体空隙水压力、隆起等），以避免沉桩对周围环境造成危害。基槽开挖时，应采取有效技术措施，避免开挖造成工程桩倾斜、断裂。

2. 基坑开挖：
   a. 基坑开挖时应控制开挖速度，严禁边打桩边开挖基坑。
   b. 基坑开挖宜分层均匀进行，挖土过程中桩四周土体高差不宜大于1m，严禁集中一处开挖。
   c. 严禁边挖土具碰撞桩头。
   d. 基坑边缘附近地带不得堆土及其他重物。

3. 桩基施工完毕，必须按国家有关规范与江西省的有关规定进行检测，合格后，方可进行承台施工。

4. 未尽事宜应按《建筑地基基础工程质量验收规范》（GB 50202-2002）、《建筑桩基技术规范》(JGJ 94-2008)及《先张法预应力高强混凝土管桩》(GB 13476-1999)等现行规范、标准的相关要求执行。

5. 桩基施工要求有资质的专业单位施工。

6. 本工程的回填土分层夯实后的压实系数应不小于0.94。

承台说明

1. 承台中的钢筋锚固长度自过桩内侧（当为圆桩时），应将其直径乘以0.8等效为方桩）算起，不应小于35dg（dg为钢筋直径）；当不满足时应将钢筋向上弯折，此时水平段的长度不应小于25dg，弯折段长度不应小于10dg。

2. 三桩的三角承台钢筋应按三向板带均匀布置，最里面的三根钢筋围成的三角形应在柱截面范围内。

3. 承台底面钢筋的混凝土保护层厚度，当有混凝土垫层时，为50mm，无垫层时应为70mm；此外尚应等于桩头嵌入承台内的长度。

4. 柱纵向主筋应锚入承台不小于37倍纵向主筋直径，当承台高度不满足锚固要求时，竖向锚固长度不应小于20倍纵向主筋直径，并向柱轴线方向呈90°弯折。

5. 桩嵌入承台内的长度为50mm。

6. 桩顶纵向主筋应锚入承台内不应小于40倍纵向主筋直径。

修改说明

审定
审核
校对
工程负责
专业负责
设计
绘图

出图专用章

注册师执业印章

建设单位
江西建设职业技术学院

工程名称
绿色建筑科技大楼

图纸名称
桩基、承台平面定位图

工程编号
比例
日期
版次

专业
阶段
图号

本图经加盖本院出图专用章，否则一律无效

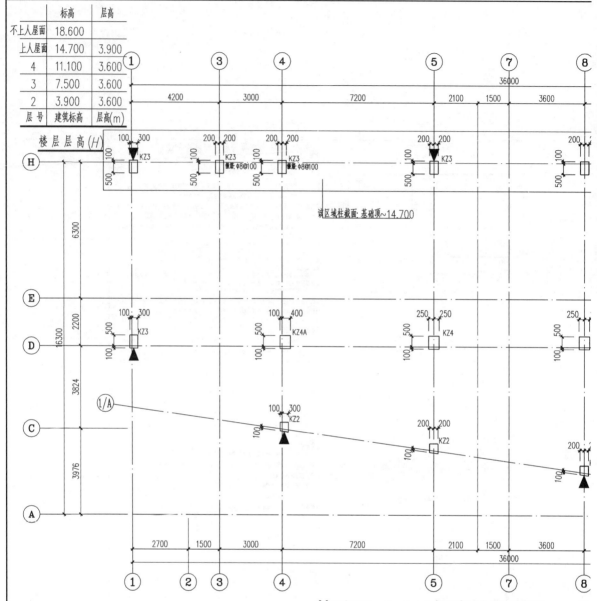

层号	建筑标高	层高(m)
不上人屋面	18.600	
上人屋面	14.700	3.900
4	11.100	3.600
3	7.500	3.600
2	3.900	3.600
层 号	建筑标高	层高(m)

楼层层高(H)

该区域柱截面:基础顶~14.700

基础顶~7.500标高柱平面图

说明:柱配筋标高以配筋表为准。

框 架 柱 表(具体标高以平面为准)

截 面							
编 号	KZ1	KZ2	KZ2a	KZ3	KZ4	KZ4a	KZ5
标 高	基础顶~14.700	基础顶~7.500	基础顶~7.500	基础顶~14.700	基础顶~7.500	基础顶~7.500	基础顶~7.500
纵 筋	4Φ20(角筋)+4Φ16	4Φ18(角筋)+4Φ14	4Φ20(角筋)+6Φ16	4Φ25(角筋)+8Φ22	4Φ25(角筋)+8Φ22	10Φ25+4Φ22	4Φ22(角筋)+8Φ1
箍 筋	Φ8@100/200	Φ8@100/200	Φ8@100/200	Φ8@100/200	Φ8@100/200	Φ8@100/200	Φ8@100/200

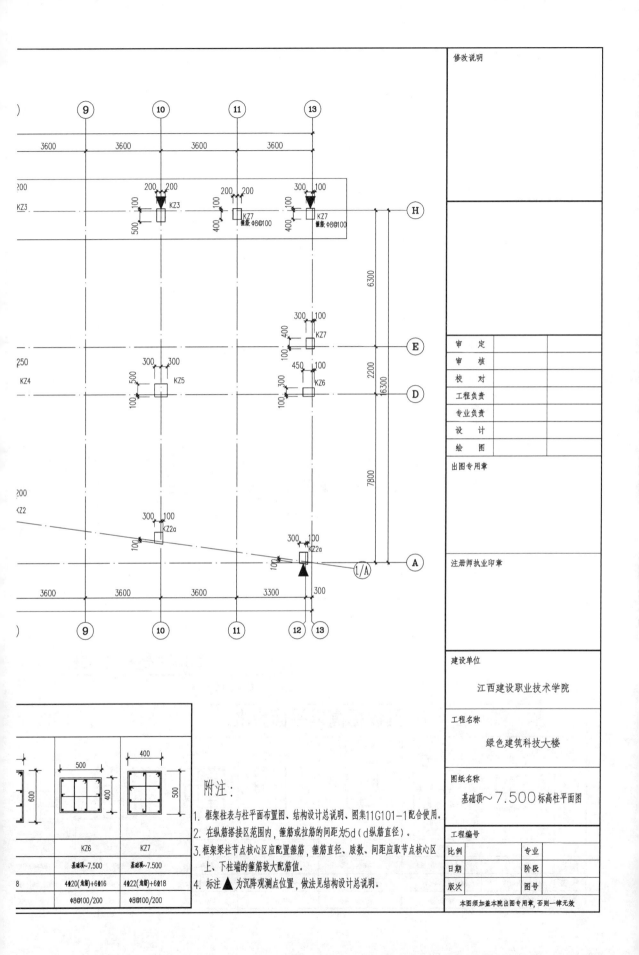

附注:
1. 框架柱表与柱平面布置图、结构设计总说明、图集11G101-1配合使用。
2. 在纵筋搭接区范围内，箍筋或拉筋的间距为5d（d纵筋直径）。
3. 框架梁柱节点核心区应配置箍筋，箍筋直径、肢数、间距应取节点核心区上、下柱端的箍筋较大配筋值。
4. 标注 ▲ 为沉降观测点位置，做法见结构设计总说明。

修改说明

审　定
审　核
校　对
工程负责
专业负责
设　计
绘　图

出图专用章

注册师执业印章

建设单位
江西建设职业技术学院

工程名称
绿色建筑科技大楼

图纸名称
基础顶～7.500标高柱平面图

工程编号

比例		专业	
日期		阶段	
版次		图号	

本图须加盖本院出图专用章，否则一律无效

	KZ6	KZ7
	基础顶～7.500	基础顶～7.500
	4⊉20(角筋)+6⊉16	4⊉22(角筋)+6⊉18
	Φ8@100/200	Φ8@100/200

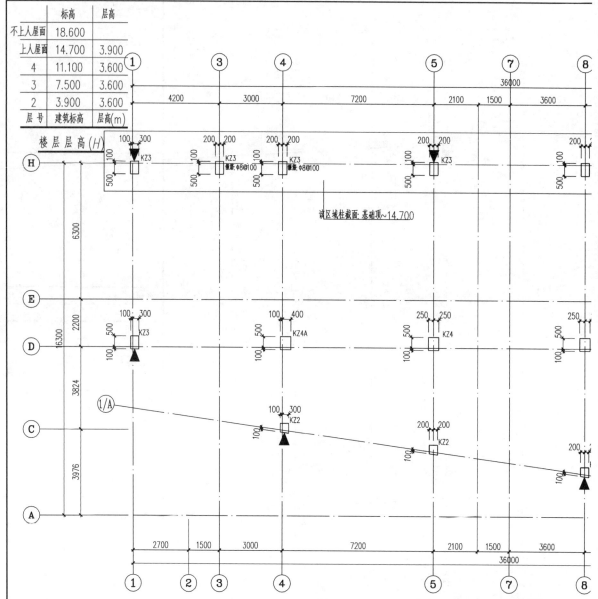

	标高	层高
不上人屋面	18.600	
上人屋面	14.700	3.900
4	11.100	3.600
3	7.500	3.600
2	3.900	3.600
层 号	建筑标高	层高(m)
楼层层高(H)		

误区域柱截面:基础顶~14.700

基础顶~7.500标高柱平面图

说明:柱配筋标高以配筋表为准.

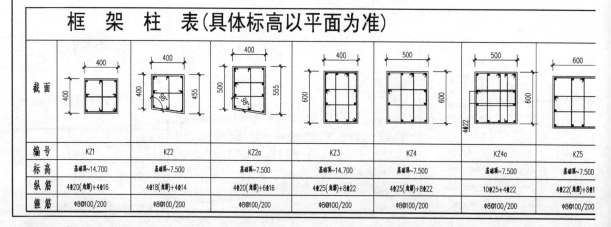

框 架 柱 表(具体标高以平面为准)

截面							
编号	KZ1	KZ2	KZ2a	KZ3	KZ4	KZ4a	KZ5
标高	基础顶~14.700	基础顶~7.500	基础顶~7.500	基础顶~14.700	基础顶~7.500	基础顶~7.500	基础顶~7.500
纵筋	4Φ20(角筋)+4Φ16	4Φ18(角筋)+4Φ14	4Φ20(角筋)+6Φ16	4Φ25(角筋)+8Φ22	4Φ25(角筋)+8Φ22	10Φ25+4Φ22	4Φ22(角筋)+8Φ1
箍筋	Φ8@100/200	Φ8@100/200	Φ8@100/200	Φ8@100/200	Φ8@100/200	Φ8@100/200	Φ8@100/200

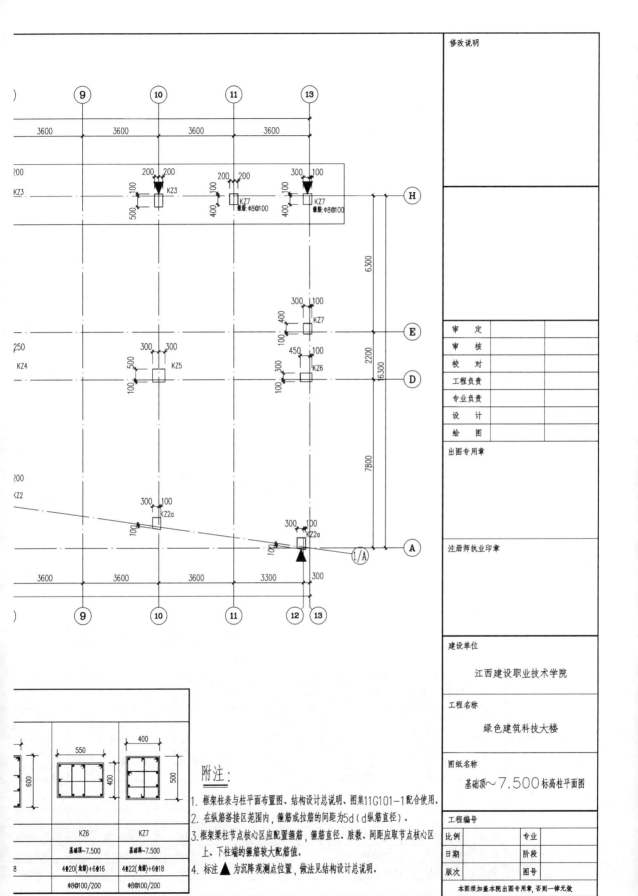

修改说明

审 定
审 核
校 对
工程负责
专业负责
设 计
绘 图

出图专用章

注册师执业印章

建设单位

江西建设职业技术学院

工程名称

绿色建筑科技大楼

图纸名称

基础顶~7.500标高柱平面图

工程编号

比例		专业	
日期		阶段	
版次		图号	

本图须加盖本院出图专用章,否则一律无效

附注:

1. 框架柱表与柱平面布置图、结构设计总说明、图集11G101-1配合使用。
2. 在纵筋搭接区范围内,箍筋或拉筋的间距为5d(d纵筋直径)。
3. 框架梁柱节点核心区应配置箍筋,箍筋直径、肢数、间距应取节点核心区上、下柱端的箍筋较大配筋值。
4. 标注 ▲ 为沉降观测点位置,做法见结构设计总说明。

	KZ6	KZ7
	基础顶~7.500	基础顶~7.500
	4⊈20(角筋)+6⊈16	4⊈22(角筋)+6⊈18
	Φ8@100/200	Φ8@100/200

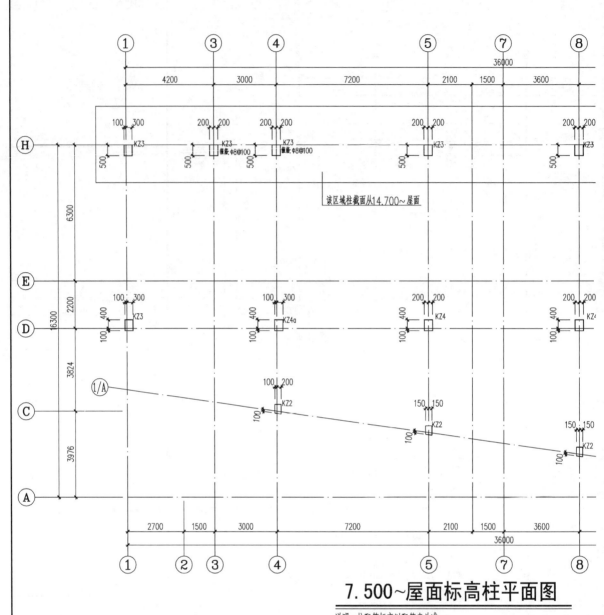

7.500~屋面标高柱平面图

说明：柱配筋标高以配筋表为准。

框 架 柱 表(具体标高以平面为准)

截面	KZ1 400×400	KZ2 300×400, 445	KZ2a 300×500	KZ3 400×500	KZ4 400×500	KZ4a、KZ5 400
编号	KZ1	KZ2	KZ2a	KZ3	KZ4	KZ4a、KZ5
标高	7.500~屋面	7.500~屋面	7.500~屋面	7.500~屋面	7.500~屋面	7.500~屋面
纵筋	4Φ20(角筋)+4Φ16	4Φ18(角筋)+4Φ14	4Φ18(角筋)+6Φ14	4Φ20(角筋)+8Φ16	4Φ22(角筋)+8Φ18	10Φ25+4Φ22
箍筋	Φ8@100/200	Φ8@100/200	Φ8@100/200	Φ8@100/200	Φ8@100/200	Φ8@100/200

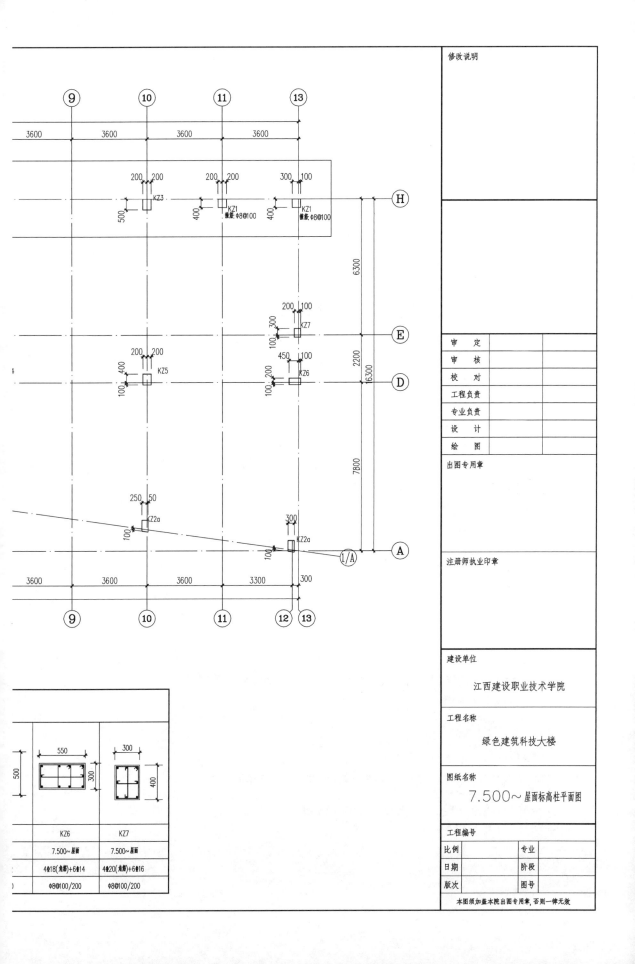

修改说明

审   定
审   核
校   对
工程负责
专业负责
设   计
绘   图

出图专用章

注册师执业印章

建设单位
江西建设职业技术学院

工程名称
绿色建筑科技大楼

图纸名称
7.500～屋面标高柱平面图

工程编号

比例		专业	
日期		阶段	
版次		图号	

本图须加盖本院出图专用章,否则一律无效

	KZ6	KZ7
	7.500～屋面	7.500～屋面
	4Φ18(角筋)+6Φ14	4Φ20(角筋)+6Φ16
	Φ8@100/200	Φ8@100/200

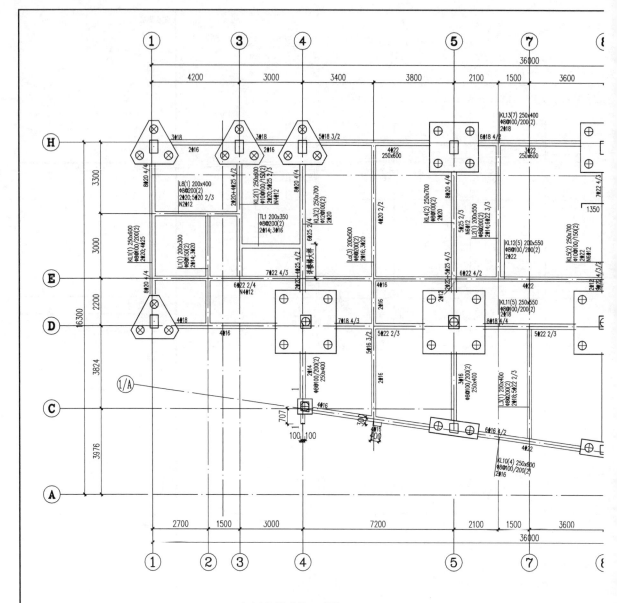

一层结构施工图

说明：地面老土夯实或采用级配砂石换填，-0.600楼面标高现浇100mm，Φ10@150双层双向钢筋楼面板，
图中表示的为附加钢筋。

梁附注：

1. 主次梁交接部位(含图中已设吊筋处)，均在主梁内次梁两侧各附加3Φd@50(直径及肢数同主梁箍筋)。

2. 等高梁相交处在每侧均各附加3Φd@50。

3. 梁腹板高度不小于450者，如图中未作注明，则附加2Φ10@200的构造腰筋。

4. 基础梁表面冷底子油两遍和沥青胶泥两遍。

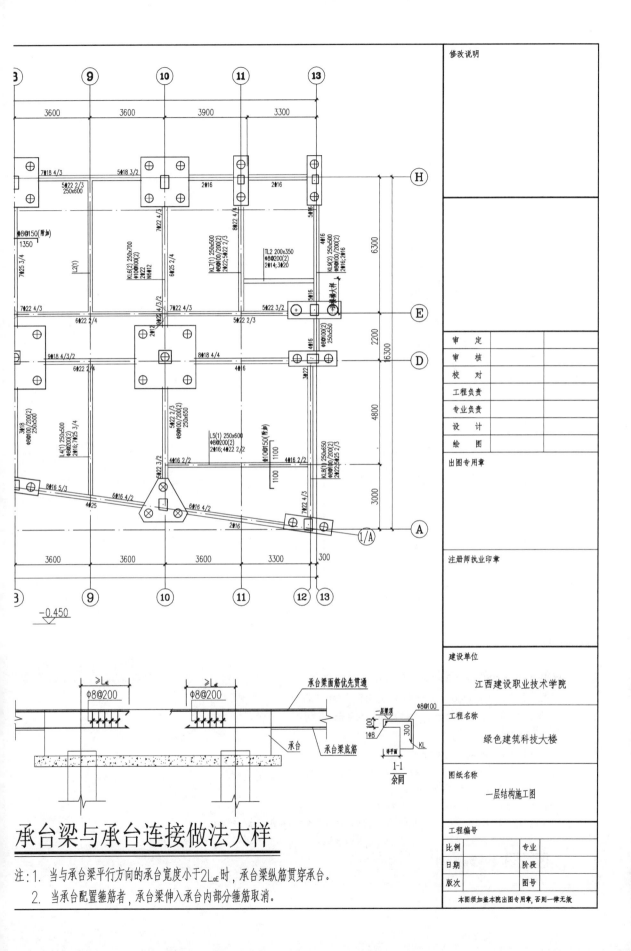

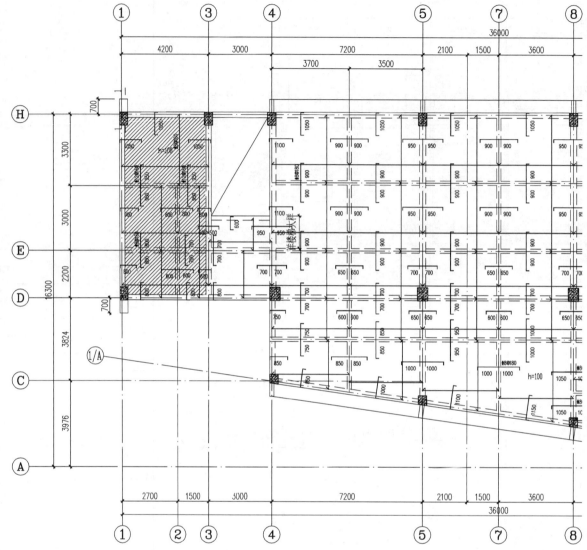

板附注:

1. 板厚除注明外，均为90mm；楼面标高除注明外均为H。

2. 板钢筋除注明外，均为Φ8@200；边支座负筋非Φ8@200者，均须锚入支座内La，详见结构总说明。

3. 板面负筋标注长度为：边支座为直线段长，中间支座为梁中心线至钢筋端部直线段长。

4. K8示意钢筋为Φ8@180。

5. 未标注的梁，其中心线与轴线对齐，或梁边平柱(墙)边。

6. 卫生间处的预留孔洞须配合建筑、水道等专业图纸预留；当洞口尺寸大于300mm且小于1000mm时，洞口边板底设附加筋2Φ12，每边宽出洞口均35d。

7. 管道井处钢筋均预留，待设备管道安装到位后，二次浇注。

8. 构造柱GZ-X均先预埋钢筋，混凝土后浇；除屋面标高以上外，构造柱在顶部50mm用M10水泥砂浆填充。

9. 凡100墙下或隔墙下无梁处，均在其楼板中另加2Φ12底筋，锚入两侧支座内。

▨▨ 表示板面标高为：H-0.05m(阳台)

二~四层楼板配筋图

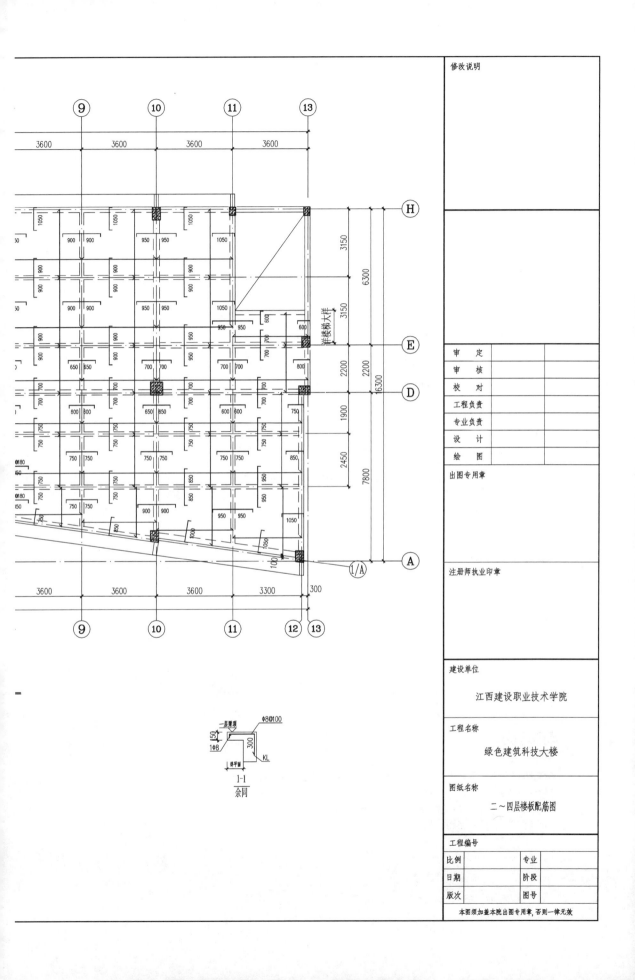

修改说明

审　定
审　核
校　对
工程负责
专业负责
设　计
绘　图

出图专用章

注册师执业印章

建设单位
江西建设职业技术学院

工程名称
绿色建筑科技大楼

图纸名称
二～四层楼板配筋图

工程编号

比例		专业	
日期		阶段	
版次		图号	

本图须加盖本院出图专用章，否则一律无效

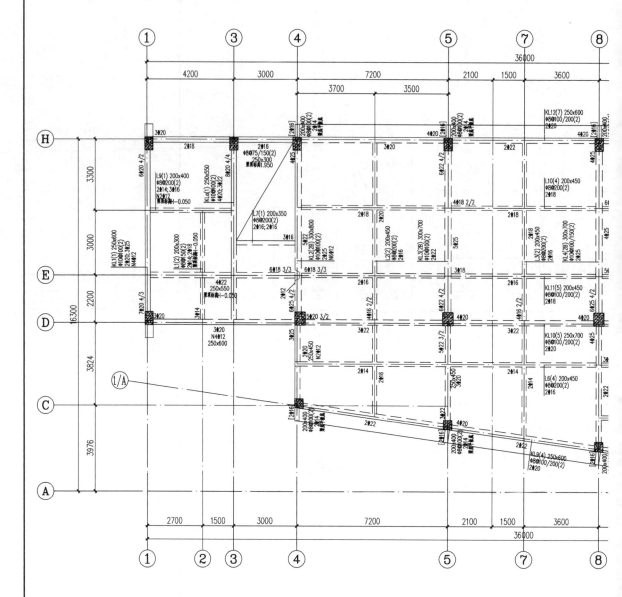

二层梁平法施工图

梁附注：

1. 主次梁交接部位(含图中已设吊筋处)，均在主梁内次梁两侧各附加3Φd@50(直径及肢数同主梁箍筋)。

2. 等高梁相交处在每侧均各附加3Φd@50。

3. 梁腹板高度不小于450者，如图中未作注明，则附加2Φ10@200的构造腰筋。

4. 基础梁表面冷底子油两遍和沥青胶泥两遍。

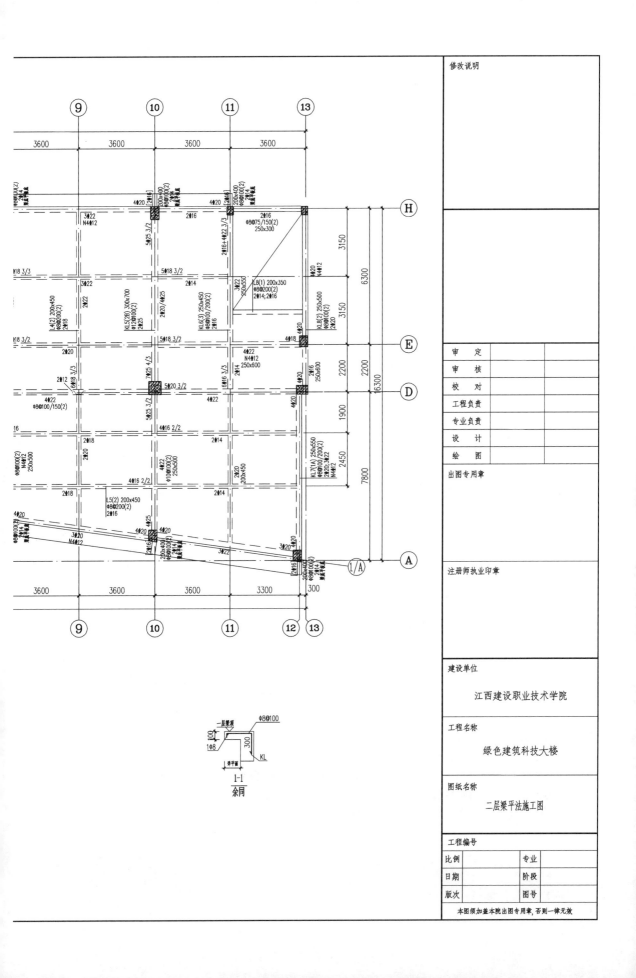

二层梁平法施工图

绿色建筑科技大楼

江西建设职业技术学院

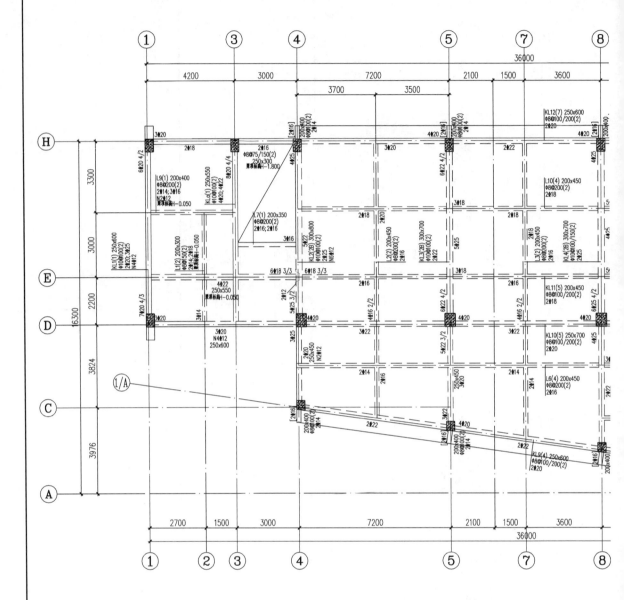

三、四层梁平法施工图

梁附注：

1. 主次梁交接部位(含图中已设吊筋处)，均在主梁内次梁两侧各附加3φd@50(直径及肢数同主梁箍筋)。

2. 等高梁相交处在每侧均各附加3φd@50。

3. 梁腹板高度不小于450者，如图中未作注明，则附加2φ10@200的构造腰筋。

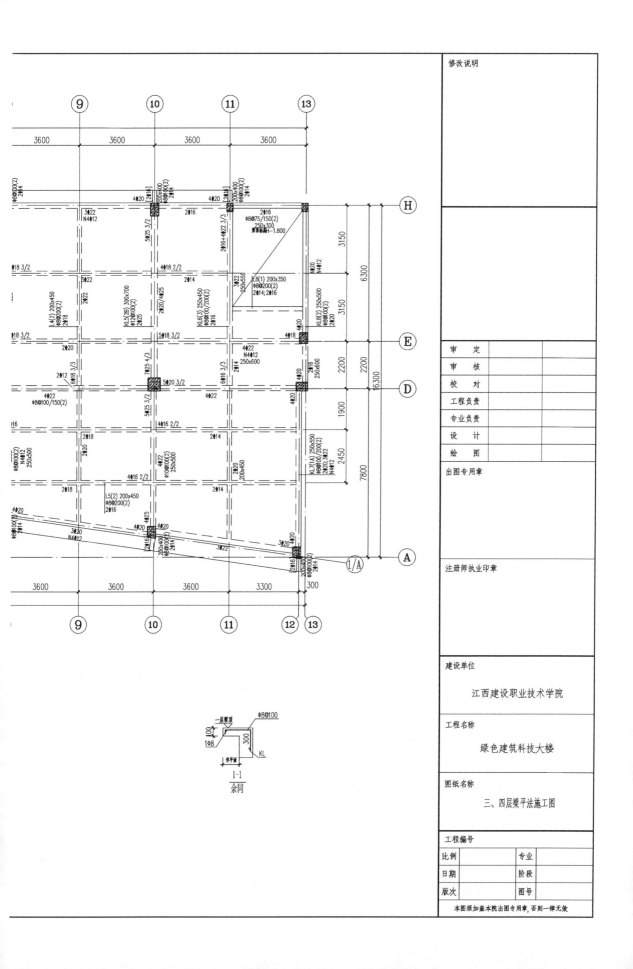

修改说明

审　定
审　核
校　对
工程负责
专业负责
设　计
绘　图

出图专用章

注册师执业印章

建设单位
江西建设职业技术学院

工程名称
绿色建筑科技大楼

图纸名称
三、四层梁平法施工图

工程编号

比例		专业	
日期		阶段	
版次		图号	

本图须加盖本院出图专用章, 否则一律无效

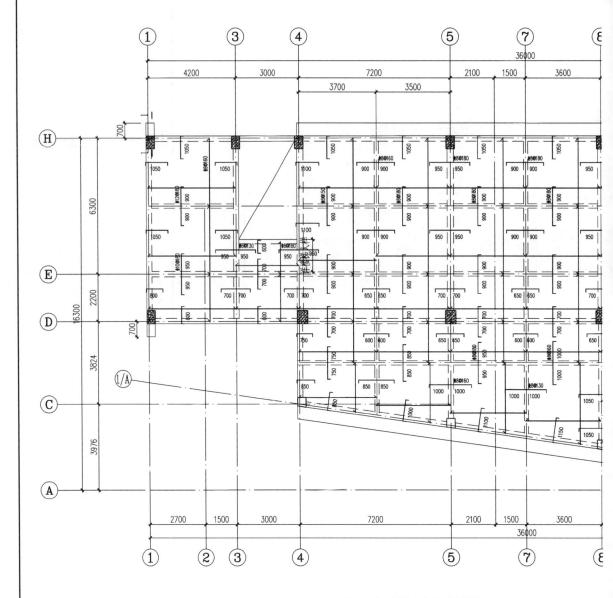

屋面层楼板配筋图

板附注：

1. 板厚除注明外，均为100mm；楼面标高除注明外均为H。
2. 板钢筋除注明外，均为Φ8@200，K8示意钢筋为Φ8@200；边支座负筋非Φ8@200者，均须锚入支座内La，详见结构总说明。
3. 板面负筋标注长度为：边支座—直线段长，中间支座—梁中心线至钢筋端部直线段长。
4. 未标注的梁，其中心线与轴线对齐，或梁边平柱(墙)边。

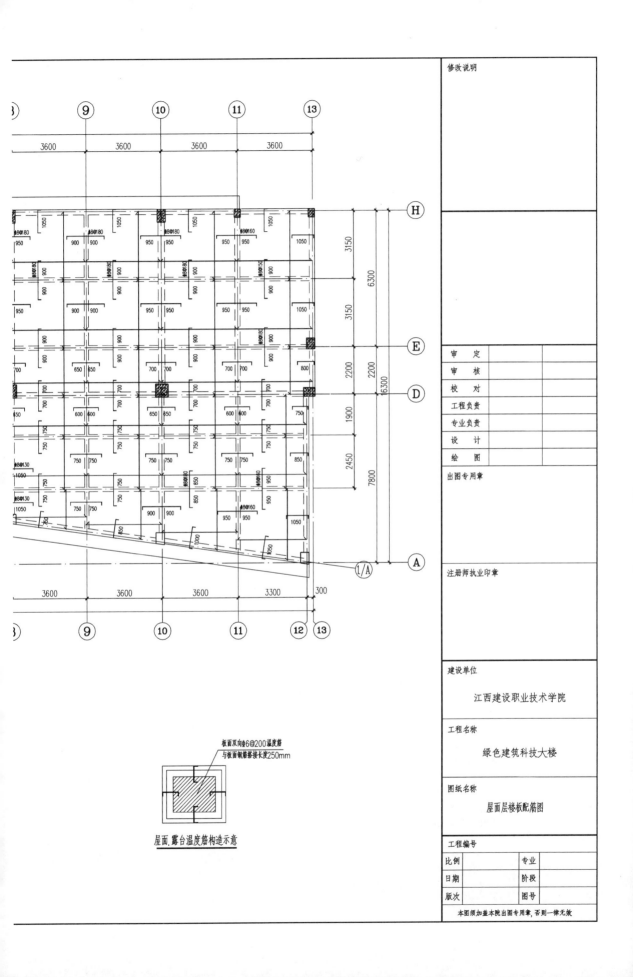

板面双向φ6@200温度筋
与板面钢筋搭接长度250mm

屋面、露台温度筋构造示意

修改说明

审　定
审　核
校　对
工程负责
专业负责
设　计
绘　图
出图专用章

注册师执业印章

建设单位

江西建设职业技术学院

工程名称

绿色建筑科技大楼

图纸名称

屋面层楼板配筋图

工程编号

比例		专业	
日期		阶段	
版次		图号	

本图须加盖本院出图专用章,否则一律无效

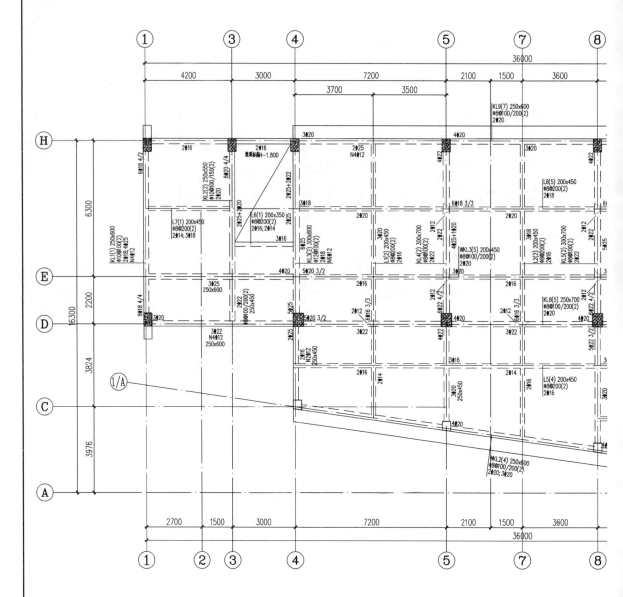

屋面层梁平法施工图

梁附注：

1. 主次梁交接部位(含图中已设吊筋处)，均在主梁内次梁两侧各附加3Φd@50(直径及肢数同主梁箍筋)。

2. 等高梁相交处在每侧均各附加3Φd@50。

3. 梁腹板高度不小于450者，如图中未作注明，则附加2Φ10@200的构造腰筋。

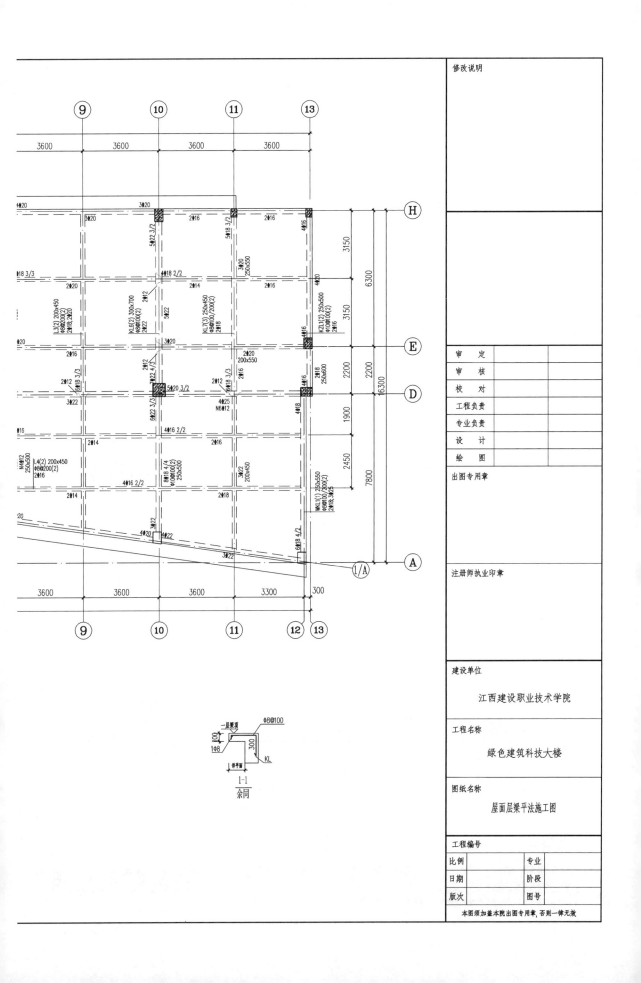

屋面层梁平法施工图

绿色建筑科技大楼

江西建设职业技术学院

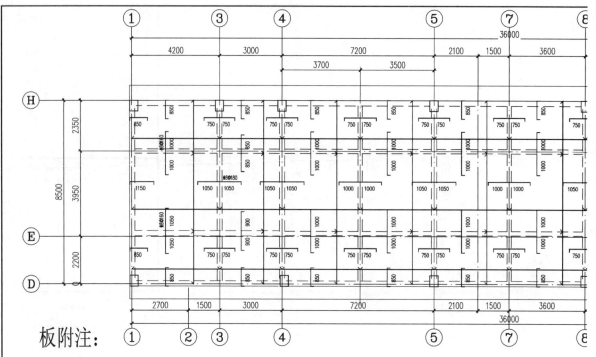

构架层楼板配筋图

板附注：

1. 板厚除注明外，均为100mm；楼面标高除注明外均为H。

2. 板钢筋除注明外，均为Φ8@200，K8示意钢筋为Φ8@200；边支座负筋非Φ8@200者，均须锚入支座内La，详见结构总说明。

3. 板面负筋标注长度为：边支座为直线段长，中间支座为梁中心线至钢筋端部直线段长。

4. 未标注的梁，其中心线与轴线对齐，或梁边平柱（墙）边。

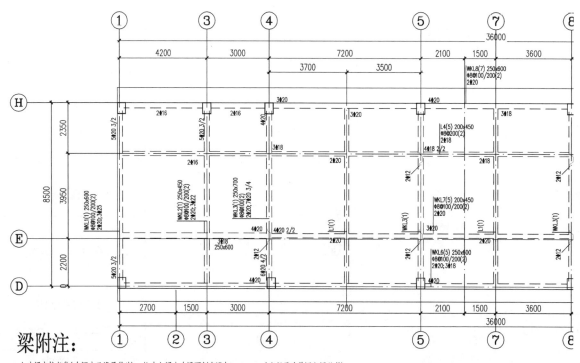

构架层梁平法施工图

梁附注：

1. 主次梁交接部位（含图中已设吊筋处），均在主梁内次梁两侧各附加3Φd@50（直径及肢数同主梁箍筋）。

2. 等高梁相交处在每侧均各附加3Φd@50。

3. 梁腹板高度不小于450者，如图中未作注明，则附加2Φ10@200的构造腰筋。

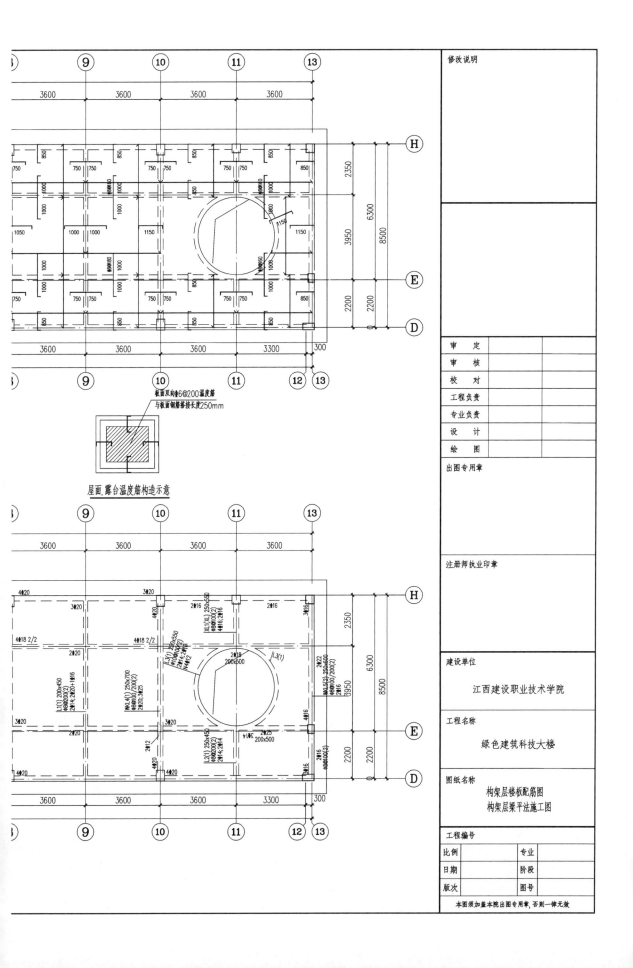

修改说明

审　定
审　核
校　对
工程负责
专业负责
设　计
绘　图

出图专用章

注册师执业印章

建设单位

江西建设职业技术学院

工程名称

绿色建筑科技大楼

图纸名称

构架层楼板配筋图
构架层梁平法施工图

工程编号

比例		专业	
日期		阶段	
版次		图号	

本图须加盖本院出图专用章,否则一律无效

屋面.露台温度筋构造示意

板面双向φ6@200温度筋
与板面钢筋搭接长度250mm

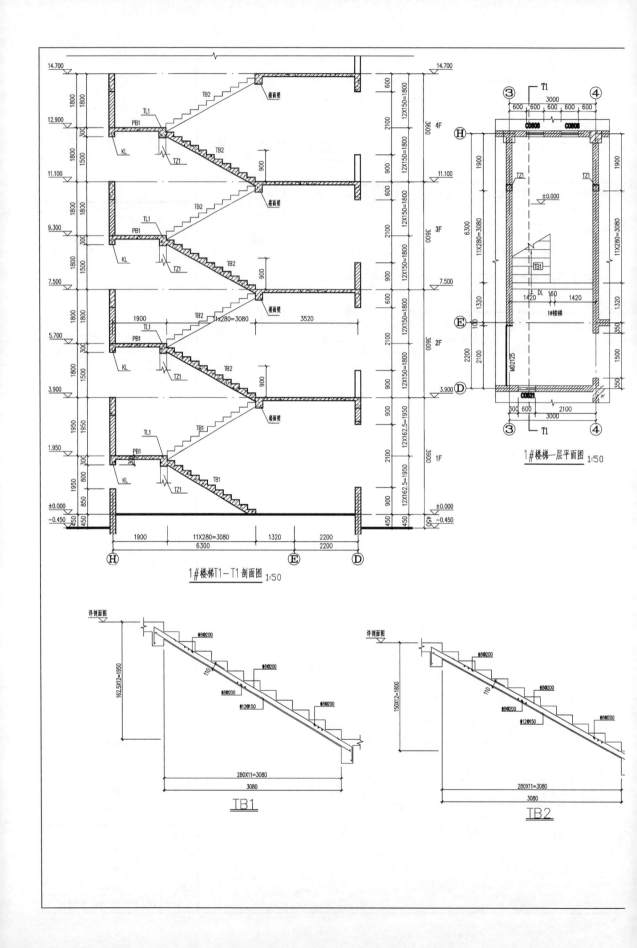

14.700

1800 | 1800

12.900

1500 | 1800 | 300

11.100

1800 | 1800

9.300

1500 | 1800 | 300

7.500

1800 | 1800

5.700

1500 | 1800 | 300

3.900

1950 | 1950

1.950

800 | 300

±0.000

450 | 850 | 1950

−0.450

TB2
楼面梁
TL1
PB1
KL
TZ1
TB2

TB2
TL1
PB1
KL
TZ1
TB2
楼面梁

TB2
TL1
PB1
KL
TZ1
TB2
楼面梁

1900   11×280=3080   3520

TB2
TB1
PB1
KL
TZ1
TB1

1900   11×280=3080   1320   2200
6300
2200

H   E   D

14.700
600
600
2100   3600   4F
12×150=1800
900
11.100
600
2100   3600   3F
12×150=1800
12×150=1800
900
7.500
600
2100   3600   2F
12×150=1800
12×150=1800
900
3.900
600
2100   3900   1F
12×162.5=1950
900
±0.000
450   −0.450

1#楼梯T1-T1剖面图 1:50

T1
③   3000   ④
600 | 600 | 600 | 600 | 600
C0806   C0806
H
1900   TZ1   TZ1   1900
11×280=3080   ±0.000   11×280=3080
E   TB1
100
1320   1420 DL 160 1420   1500
2200   2100   1#楼梯   350
M02125
D   C0621
300   600   2100   350
3000
③   T1   ④

1#楼梯一层平面图 1:50

详剖面图
162.5X12=1950
110
Φ8@200
Φ8@200
Φ12@150
Φ8@200
Φ8@200
280X11=3080
3080

TB1

详剖面图
150X12=1800
110
Φ8@200
Φ8@200
Φ8@200
Φ12@150
Φ8@200
280X11=3080
3080

TB2

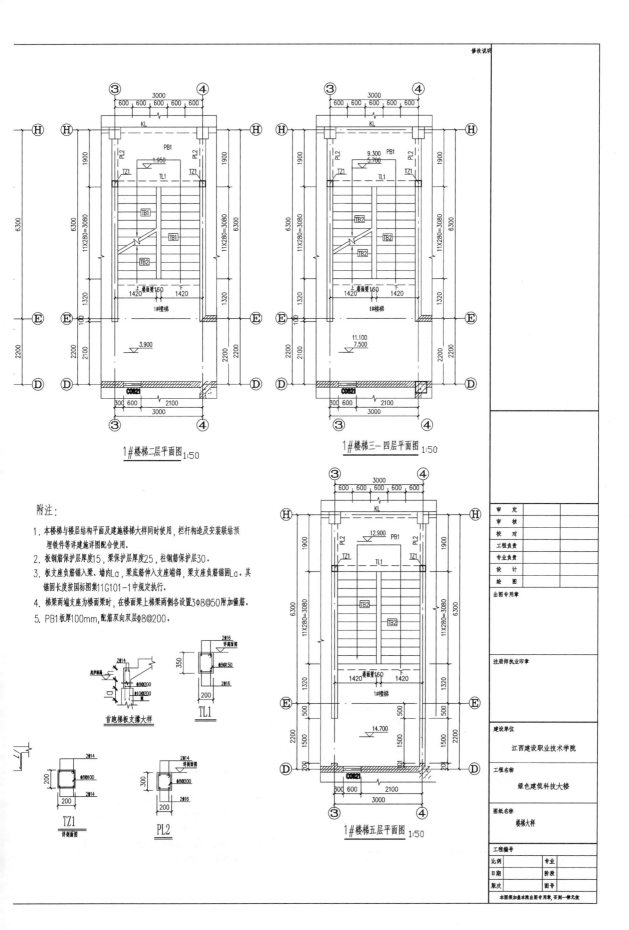

1#楼梯二层平面图 1:50

1#楼梯三—四层平面图 1:50

1#楼梯五层平面图 1:50

附注:

1. 本楼梯与楼层结构平面及建施楼梯大样同时使用,栏杆构造及安装联结预埋铁件等详建施详图配合使用。

2. 板钢筋保护层厚度15,梁保护层厚度25,柱钢筋保护层30。

3. 板支座负筋锚入梁、墙内La,梁底筋伸入支座端部,梁支座负筋锚固La。其锚固长度按国标图集11G101-1中规定执行。

4. 梯梁两端支座为楼面梁时,在楼面梁上梯梁两侧各设置3φ8@50附加箍筋。

5. PB1板厚100mm,配筋双向双层φ8@200。

首跑梯板支撑大样

TL1

TZ1

PL2

审 定
审 核
校 对
工程负责
专业负责
设 计
绘 图
出图专用章

注册师执业印章

建设单位
江西建设职业技术学院

工程名称
绿色建筑科技大楼

图纸名称
楼梯大样

工程编号
比例   专业
日期   阶段
版次   图号

本图须加盖本院出图专用章,否则一律无效

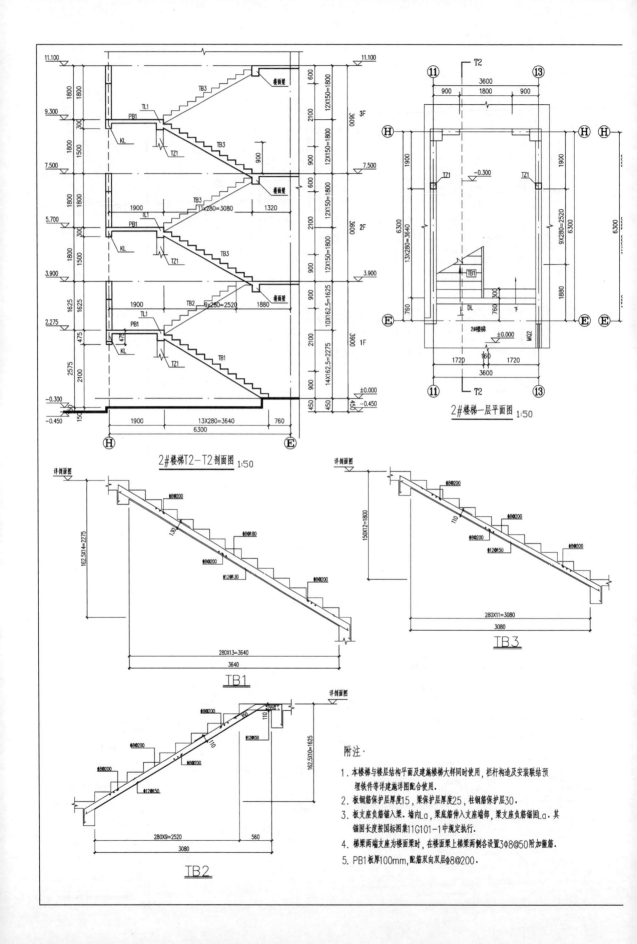

2#楼梯T2-T2剖面图 1:50

2#楼梯一层平面图 1:50

TB1

TB3

TB2

附注:
1. 本楼梯与楼层结构平面及建施楼梯大样同时使用,栏杆构造及安装联结预埋铁件等详建施详图配合使用。
2. 板钢筋保护层厚度15,梁保护层厚度25,柱钢筋保护层30。
3. 板支座负筋锚入梁,墙内La,梁底筋伸入支座端部,梁支座负筋锚固La。其锚固长度按国标图集11G101-1中规定执行。
4. 梯梁两端支座为楼面梁时,在楼面梁上梯梁两侧各设置3φ8@50附加箍筋。
5. PB1板厚100mm,配筋双层双向φ8@200。

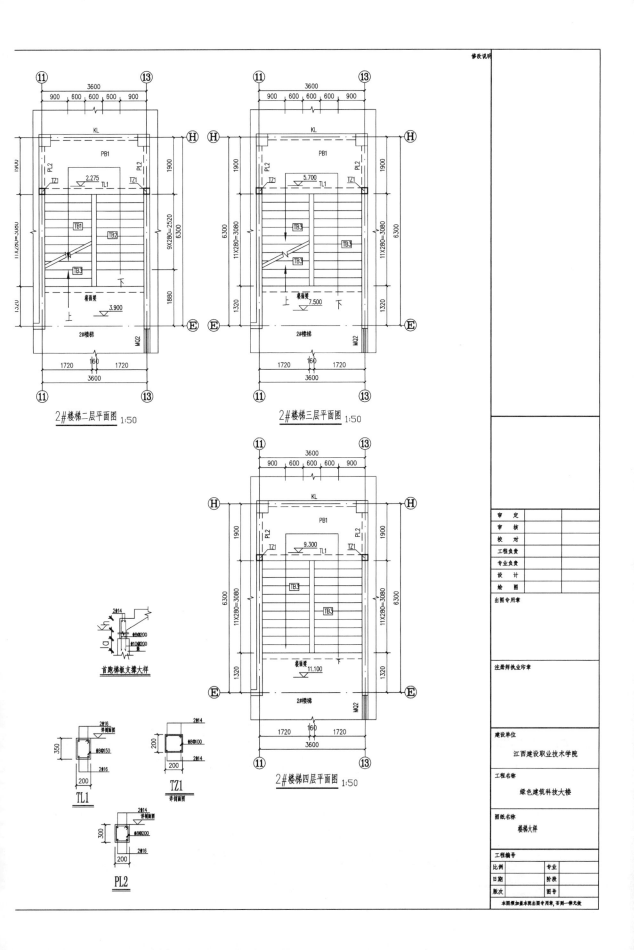

2#楼梯二层平面图 1:50

2#楼梯三层平面图 1:50

2#楼梯四层平面图 1:50

首跑梯板支撑大样

TL1

TZ1

PL2

修改说明

审　定
审　核
校　对
工程负责
专业负责
设　计
绘　图

出图专用章

注册师执业印章

建设单位
江西建设职业技术学院

工程名称
绿色建筑科技大楼

图纸名称
楼梯大样

工程编号

比例　　　　专业
日期　　　　阶段
版次　　　　图号

本图须加盖本院出图专用章，否则一律无效

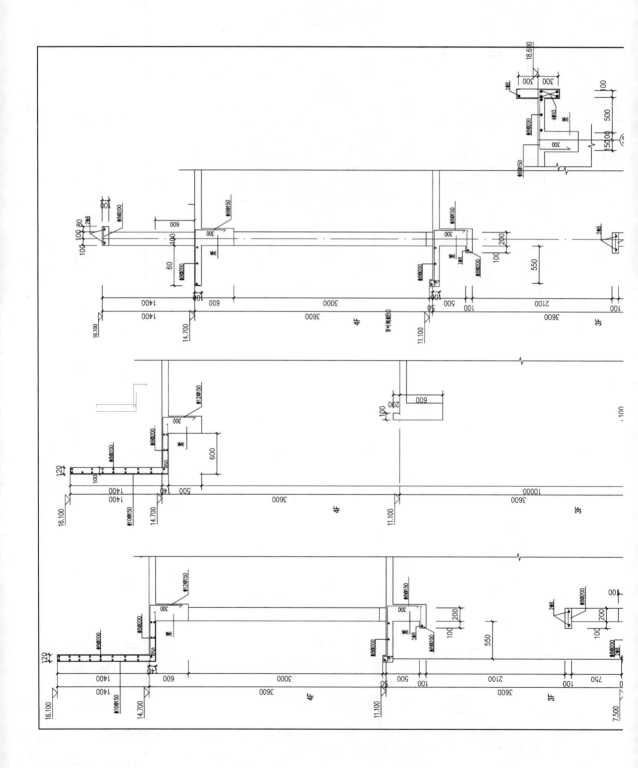

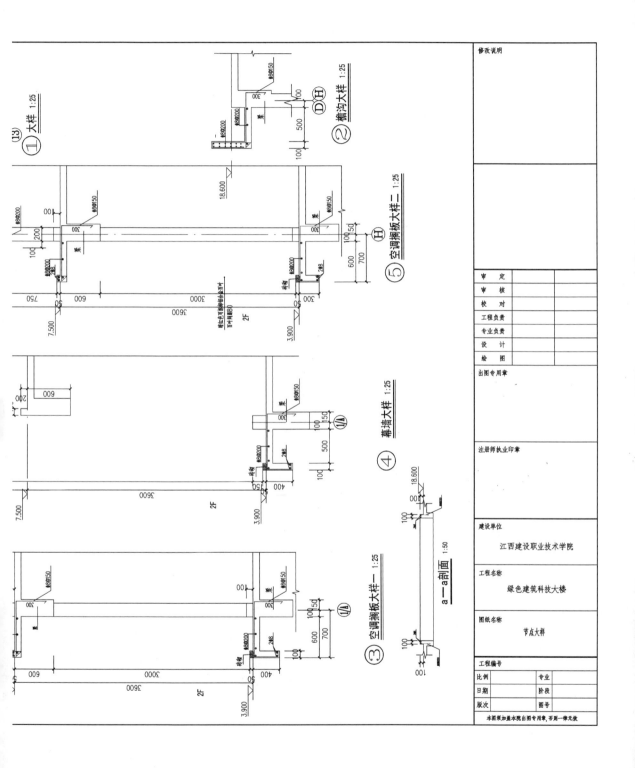

修改说明

审 定
审 核
校 对
工程负责
专业负责
设 计
绘 图

出图专用章

注册师执业印章

建设单位
江西建设职业技术学院

工程名称
绿色建筑科技大楼

图纸名称
节点大样

工程编号

比例		专业	
日期		阶段	
版次		图号	

本图须加盖本院出图专用章,否则一律无效

① 大样 1:25

② 檐沟大样 1:25

⑤ 空调搁板大样二 1:25

④ 幕墙大样 1:25

③ 空调搁板大样一 1:25

a—a剖面 1:50

参 考 文 献

［1］ 广联达软件股份有限公司.广联达建设工程造价管理整体解决方案——广联达 BIM 土建算量平台 GTJ2018 应用手册.2018.

［2］ 广联达软件股份有限公司.广联达建设工程造价管理整体解决方案——广联达云计价平台 GCCP5.0 基础课程.2018.

［3］ 江西共友软件有限公司.共有工程计价软件使用手册.

［4］ 中国建筑标准设计研究院.混凝土结构施工图平面整体表示方法制图规则和构造详图(16G101—1、16G101—2、16G101—3)［S］.北京:中国计划出版社,2016.

［5］ 广联达软件股份有限公司.广联达工程造价类软件实训教程(图形软件篇)［M］.2 版.北京:人民交通出版社,2010.

［6］ 张丽娟.工程造价软件及应用［M］.武汉:武汉理工大学出版社,2015.

［7］ 李茂英,曾浩.工程造价软件应用与实践［M］.北京:北京大学出版社,2020.